Lehrbuch der Mathematik

für

den höheren Schulunterricht

bearbeitet

von

Dr. E. F. August,
Professor und Director des Cölnischen Real-Gymnasiums zu Berlin.

Erster Cursus.

Zehn Abschnitte der Geometrie mit zahlreichen Uebungsaufgaben.

Zweite umgearbeitete Auflage mit 8 doppelt beigefügten Figurentafeln.

Berlin.
Druck und Verlag von Georg Reimer.
1852.

Vorrede zur ersten Auflage.

Der mathematische Unterrichtsstoff, so weit derselbe bei den gegenwärtigen Anforderungen an Jugendbildung für die Schule gehört, in Lehrkurse abgetheilt, die den Bildungsstufen der Gymnasialklassen angemessen und der Zeit entsprechend sind, welche auf höheren Lehranstalten diesem Unterrichtsgegenstande gewidmet werden kann, bildet den Inhalt dieses Lehrbuches. Der erste Cursus ist für diejenigen Classen bestimmt, in welchen ein systematischer Vortrag der Mathematik eintreten kann. Vier bis fünf Stunden des Unterrichts, verbunden mit den gehörig vertheilten und sorgfältig geleiteten häuslichen Uebungen, werden wöchentlich ausreichen, um in zwei Semestern die Sätze dieser ersten zehn Abschnitte einzuüben und eine reichliche Anzahl der im Anhange aufgeführten Uebungsaufgaben durcharbeiten zu lassen. Aus dem Lehrbuche selbst soll sich der Schüler auf den Unterricht so vorbereiten, daß er die ihm aufgegebenen Sätze unabhängig vom Buche und von der darin gegebenen Figur frei vortragen könne. Der Lehrer berichtigt, bessert, ordnet, wo es nöthig, und sorgt, daß der Schüler bei der Herleitung des Einzelnen den allgemeinen Zusammenhang des Ganzen nicht aus den Augen verliere und immer im Stande bleibe, das Frühere wieder zu entwickeln und anzugeben, wie es zur Begründung des Folgenden diene. Außerdem werden dem Schüler wöchentlich einige Aufgaben vorgelegt, die in das Gebiet des durchgeübten Stoffes einschlagen, damit er vollkommen selbstthätig die erworbenen Kenntnisse anzuwenden und seine mathematische Auffassungsgabe zu üben Gelegenheit erhalte. Diese Aufgaben, wozu die Anhänge reichlichen Stoff darbieten, den der Lehrer leicht wird vermehren können, müssen nach Art der im Buche durchgeführten Sätze schriftlich bearbeitet und dem Lehrer wöchentlich zur Beurtheilung vorgelegt werden. Daß eine solche Einrichtung des Unterrichts den Eifer der Schüler lebendig anregen und ein sicheres Fortschreiten derselben fördern werde, ist um so eher zu erwarten, als sie derjenigen nahe steht, die dem sprachlichen Unterrichte mit dem besten Erfolge schon lange zum Grunde liegt. Denn wie in diesem die Grammatik von dem Schüler erlernt, von dem Lehrer erklärt wird; so soll sich der Schüler die in dem mathematischen Lehrbuche enthaltenen Elemente unter Leitung des Lehrers gründlich aneignen: wie aber ferner die wöchentlichen Sprach-Exercitien zur Befestigung der grammatischen Regeln dienen; so sollen die mathematischen Uebungsaufgaben auf diesem Gebiete denselben Zweck erreichen. Bei diesen schriftlichen Leistungen der Schüler muß daher der Lehrer auf die größeste Folgerechtheit der Schlüsse und auf Schärfe des Ausdrucks besonderes Gewicht legen und kein Mittelglied in irgend einer Schlußfolge gestatten, das nicht, wie es im Lehrbuche geschehen, durch Angabe des dabei berücksichtigten Satzes bekräftiget ist. So viel über den Zweck und Gebrauch dieses Schulbuchs.

Was nun Form und Inhalt betrifft, so habe ich mich bemüht, die Forderungen einer strengen Methode und einer allgemein faßlichen Darstellung zu vereinigen, und in Beziehung auf die erstere mich an die euklideische anzuschließen gesucht. Die allgemeinsten Grundsätze, Forderungen und Erklärungen sind dem Ganzen vorangeschickt. In Lehrsätzen, Zusätzen und Aufgaben ist dann der Stoff so vertheilt, daß sowohl ein Fortschritt vom Leichten zum Schwierigen Statt findet, als auch das dem Inhalte nach Zusammengehörige nicht zu weit von einander getrennt ist. Jedem Sachkenner ist bewußt, daß das Letztere nicht ohne kleine Umwege geschehen kann. Daher man auch hier einige antreffen wird, die aber doch nicht zu Abwegen geworden sind. Die Grundsätze des ersten Abschnittes sind so allgemein verständlich, daß es einer Herleitung derselben nicht bedarf. Sie stehen der Vollständigkeit des Ganzen und der künftigen Citate wegen am Anfange. Der Lernende darf nicht zu lange bei ihnen festgehalten werden. Er soll sich zunächst nur an die Ausdrucksweise derselben gewöhnen und ihren Inhalt klar auffassen. Zweckmäßig ist es dann, sie später, wenn schon eine gewisse mathematische Fertigkeit erlangt ist, noch einmal zum Gegenstande der Betrachtung zu machen, wobei die hier gegebenen Erörterungen oder andere, vielleicht durch Linien versinnlichte, nützlich werden können.

Vorrede zur zweiten Auflage.

Die zweite Auflage dieses Buches ist zur Umarbeitung geworden; weil durch manche Verhältnisse die Ausführung der spätern Curse aufgeschoben und dadurch der Plan des Ganzen verändert wurde. Lehrer und Lernende finden jetzt einen noch engeren Anschluß an die euklideische Weise, welche auch in der Parallelentheorie festgehalten ist; jedoch so, daß dem bekannten Grundsatze durch Hinzufügung des verhältnißmäßig kürzesten, wenn auch aus der Vergleichung unbegrenzter Größen hergeleiteten Beweises die Gestalt eines Lehrsatzes gegeben ist. Die allgemeine Zurückführung der Gleichheit auf die Congruenz, am Schlusse des siebenten Abschnitts, ist dem Verf. bis jetzt noch in keinem Lehrbuche vorgekommen. Abgesehen von ihrer Bedeutung an sich, kommt sie aber auch der Entwicklung der Elemente fördernd zu Hülfe; da sie späterhin die strengen Beweise für die Gleichheit der Prismen und Pyramiden von gleicher Grundlinie und Höhe nicht unerheblich abkürzt.

Daß für möglichste Abrundung der einzelnen Abschnitte gesorgt ist, wird bei Benutzung des Buches nicht entgehen. Wie sehr das Gleichartige zusammengestellt ist, zeigen schon die Figurentafeln, die abschnittsweise doppelt in den Text eingebunden werden sollen, damit sie die Bequemlichkeit der Holzschnitte gewähren. Wenn man auf der linken Seite des Buches lies't, kann man bequem die wenigen Zwischenblätter rechts so heben, daß die nächste Figurentafel rechts vergleichbar ist. Aehnlich verhält es sich beim Lesen und Vergleichen auf der andern Seite, wo man den Text rechts, die Figurentafel durch einige Zwischenblätter getrennt, links hat. Daß die Figurentafeln selbst, nach Abschnitten abgegliedert, Anhalt zu zweckmäßigen Wiederholungen bieten, wird dem praktischen Schulmanne nicht entgehen.

Der Anhang ist sehr vermehrt worden und enthält reichhaltigen Uebungsstoff. Der Lehrer wird jederzeit dem Standpunkt seiner Schüler gemäß, auswählen können. Der Schüler wird, wenn er selbst, der Reihe nach, die Aufgaben zu lösen versucht, in der Abwechselung des Schwierigen und Leichten, Antrieb und Aufmunterung finden.

Das Format ist den von mir herausgegebenen kleinen Logarithmentafeln angepaßt worden. Dies geschah in der Voraussetzung, daß auch dieses Lehrbuch, welches in gedrängter Kürze die gesammte Elementarmathematik umfassen soll, Militaireleven, Feldmessern, Architekten, Maschinenbauern, Ingenieuren, u. s. w., kurz allen denen, die einer compendiösen Zusammenstellung des Wissenswürdigsten aus der Mathematik bedürfen, in dieser Gestalt willkommen sein würde.

August.

Erster Abschnitt.

Hauptsätze der allgemeinen Größenlehre.

§. 1.

Der Begriff des Wortes **Größe** umfaßt alles dasjenige, was sich vermehrt oder vermindert denken läßt. Die Wissenschaft, welche im Allgemeinen die Beziehungen der Größen zu einander erforscht, heißt **allgemeine Größenlehre**.

Die Länge eines Weges d. i. die Entfernung seiner Endgrenzen ist eine Größe, weil man sich den Weg länger oder kürzer vorstellen kann. Der **Werth** einer Sache ist eine Größe, eben so die Menge des in ein Gefäß gefüllten Wassers, die Stärke einer Kraft, die Helligkeit eines Zimmers u. dgl.

Anm. Um eine Größe ganz allgemein zu bezeichnen, bedient man sich gewöhnlich der Buchstaben, doch so, daß, wenn in einer Betrachtung eine Größe durch a, oder b, oder c u. s. w bezeichnet worden ist, der gewählte Buchstabe während der ganzen Betrachtung immer nur diese Größe oder eine ihr vollkommen gleiche und keine verschiedene bezeichnet.

§. 2.

Wenn zwei Größen von der Beschaffenheit sind, daß die eine mit der anderen verbunden ein einziges Ganzes bilden kann, so nennen wir die Größen **gleichartig**; ist dieses nicht der Fall, so werden sie **verschiedenartige** Größen genannt.

Es ist deutlich, daß man die Größe von 7 Ellen und 3 Ellen sich als eine einzige Größe von 10 Ellen zusammen vorstellen kann, eben so den Werth von 8 Thalern mit dem Werthe von 15 Thalern als einen einzigen

Werth von 23 Thalern, daß man aber nicht 7 Ellen und 8 Thaler als ein vereinigtes Ganzes auffassen kann. Eben so kann die Länge eines Weges nicht dadurch vermehrt werden, daß man ihn breiter macht, indem man z. B. an denselben einen Streifen ansetzt, der eben so groß ist, wie der Weg selbst. Es wird in diesem Fall zwar der Weg in gewisser Weise verdoppelt, aber nicht die Länge des Weges. Es ist also das der Oberfläche des Weges Zugelegte ungleichartig mit der Länge desselben. Wohl aber wird auf die beschriebene Art die Breite des Weges vermehrt.

§. 3.

Der erste Grundsatz in der allgemeinen Größenlehre, der aus den Denkgesetzen unmittelbar folgt, ist, daß jede Größe sich selber gleich ist und daß gleiche Größen, wenn es bloß auf die Größe ankommt, für einander gesetzt werden können.

Eine gewöhnliche Anwendung des zweiten Theils dieses Grundsatzes findet im gemeinen Leben statt, wo man den Preis einer Waare in verschiedenen Geldsorten bestimmen kann, unter der Voraussetzung, daß die Größe des dadurch bestimmten Werthes dieselbe bleibt.

Anm. Daß eine Größe a einer anderen b gleich ist, bezeichnet man durch zwei zwischen die Größenzeichen gesetzte mit der Richtung der Schrift gleichlaufende Striche folgendermaßen $a = b$ (zu lesen: a gleich b).

§. 4.

Unmittelbar aus dieser Betrachtung folgt, daß zwei Größen, deren jede einer dritten gleich ist, auch unter sich gleich sein müssen.

Wenn bei drei Größen a, b, c, gefunden wird 1) $a = b$, 2) $c = b$; so ist auch 3) $a = c$; weil man in dem zweiten Falle für b (nach §. 3) a setzen kann; so daß also $c = a$ entsteht.

§. 5.

Wenn eine Größe aus Stücken besteht; so heißt sie ein Ganzes. Das Ganze ist größer als ein Stück desselben.

§. 6.

Wenn die Stücke, aus denen ein Ganzes besteht, einzeln verglichen, den Stücken gleich sind, aus denen ein anderes Ganze besteht; so sind die Ganzen einander gleich

Anm. Daß eine Größe mit einer anderen zu einem Ganzen vereinigt gedacht werden solle, wird dadurch bezeichnet, daß man das Zeichen + zwischen die zugehörigen Größenzeichen stellt. So bedeutet also $a + b$ (zu lesen a plus b), daß man sich eine Größe denken soll, die aus a und b besteht.

Ist nun $a = b + c + d$ und $e = f + g + h$

und $b = f,\ c = g,\ d = h,$

so ist, (§. 3.) $e = b + c + d$, oder (§. 4.) $e = a$.

§. 7.

Sind aber von den Stücken, aus denen ein Ganzes besteht, einzeln verglichen, einige oder alle größer, als die Stücke, aus denen eine andere Größe besteht, so ist das Ganze größer, als die andere Größe.

Anm. Daß eine Größe A größer oder kleiner als eine Größe B ist, bezeichnet man durch zwei nach einer Seite hin zusammenlaufende Striche und kehrt die offene Seite dieses Zeichens immer dem Größeren zu. $C < D$ (C kleiner als D) oder $D > C$ (D größer als C) bedeutet also dasselbe.

Ist nun $a = b + c + d$ und $e = f + g + h$, so wird, wenn $b > f$ ist, sich b darstellen lassen als eine Größe, die aus f und noch einem Ueberschusse besteht. Dieser Ueberschuß sei die Größe x;

so ist $a = f + x + c + d$ (§. 3.) und $e = f + g + h$;

wäre nun $c = g$ und $d = h$; so würde man erhalten (§. 3.):

$$a = f + x + c + d,\ e = f + c + d;$$

also auch $a = e + x$ oder $a > e$.

Auf ein ähnliches Ergebniß würde man kommen, wenn man auch $c > g$ und $d > h$ annehmen wollte.

§. 8.

Wenn von gleichen Größen gleiche Stücke hinweggenommen werden, so muß Gleiches übrig bleiben.

Anm. Daß eine Größe von einer anderen hinweggenommen werden soll, bezeichnet man dadurch, daß man das Zeichen — zwischen die zugehörigen

Größenzeichen stellt. So bedeutet also $a - b$ (zu lesen a minus b), daß die Größe b von der Größe a hinweggenommen werden soll.

Ist nun $a = b$ und $k < a$; so soll auch $a - k = b - k$ (zu lesen a minus k gleich b minus k) sein.

Offenbar besteht a aus der hinweggenommenen Größe k und noch einem Ueberschusse, den wir m nennen wollen.

Es ist also $m = a - k$.

Eben so besteht die Größe b aus k und einem Ueberschusse, den wir n nennen können; also $n = b - k$.

Wäre nun $m > n$ und man legte zu beiden k wieder hinzu, so müßte $k + m > k + n$ (§. 7) also $a > b$ sein. Es ist aber $a = b$.

Eben so würde, wenn $m < n$ wäre, auch $a < b$ sein müssen.

Es muß daher $m = n$ d. h. $a - k = b - k$ sein.

§. 9.

Wenn von ungleichen Größen gleiche Stücke hinweggenommen werden, so bleibt von der größeren ein größeres Stück übrig.

Es sei $a > b$ und von beiden lasse sich k hinwegnehmen,

so ist $$a - k > b - k.$$

Denn wäre $a - k = b - k$ und legte man zu beiden k hinzu;

so wäre $$a = b \text{ (§. 3.)}.$$

Wäre $a - k < b - k$ und man legte zu beiden k hinzu, so wäre (§. 6.) $a < b$, beides gegen die Voraussetzung $a > b$.

§. 10.

Wenn von gleichen Größen ungleiche Stücke hinweggenommen werden, so bleibt da das größere Stück, wo das kleinere hinweggenommen ist.

Es sei $a = b$. Von a lasse sich m, von b lasse sich n wegnehmen, aber es sei $m > n$ so soll $a - m < b - n$ sein.

Denn wäre $a - m = b - n$ und ich legte zu $a - m$ das größere m und zu $b - n$ das kleinere n hinzu, so müßte $a > b$ sein, gegen die Voraussetzung.

Wäre aber $a - m > b - n$ und ich legte zur größern $a - m$ noch das größere m und zur kleineren $b - n$ nur das kleinere n hinzu, so würde ebenfalls $a > b$ gegen die Voraussetzung gefolgert werden müssen.

§. 11.

Wenn alle Stücke eines Ganzen einander gleich sind, so nennt man sie **Theile** des Ganzen, und das Ganze ein **Vielfaches** des Theilstückes. Die Anzahl der Theilstücke bestimmt das Vielfache und zugleich auch den Theil, wenn das Vielfache als Ganzes betrachtet wird.

Ist demnach A das **Dreifache** von a, so ist auch a der **dritte** Theil von A.

§. 12.

Die Gleichvielfachen gleicher Größen sind einander gleich.

Es sei $a = b$ und A das Dreifache von a, B das Dreifache von b; so ist auch $A = B$.

Denn denkt man sich A in seine 3 Theile zerlegt; so ist jedes dieser gleichen Stücke so groß wie a, eben so ist jeder der Theile von B so groß wie b. Da nun $a = b$, so sind die Stücke, aus denen A besteht, einzeln genommen, den Stücken gleich, aus denen B besteht, folglich $A = B$ (§. 6.).

§. 13.

Das Vielfache einer Größe ist größer als das Ebensovielfache einer kleineren Größe.

Es sei $a > b$ und $A = 3a$, $B = 3b$, so ist jedes der 3 gleichen Stücke von A einzeln größer als jedes der drei gleichen Stücke von B, mithin $A > B$ (§. 7.).

§. 14.

Die gleichvielten Theile gleicher Größen sind gleich.

Es sei a der dritte Theil von A und b der dritte Theil von B. Ist nun $A = B$, so muß auch $a = b$ sein.

Denn wäre $a > b$; so müßte A, welches 3a ist, auch größer als B sein, welches 3b ist (§. 13.). Auf einen ähnlichen Widerspruch würde die Annahme $a < b$ führen.

§. 15.

Ein Theil eines Ganzen ist größer als der gleichvielte Theil eines kleineren Ganzen.

Es sei a der fünfte Theil von A, und b der fünfte Theil von B; ferner sei $A > B$, so ist auch $a > b$.

Wäre nämlich $a = b$, so wäre $5a = 5b$ (§. 12.), also $A = B$: wäre $a < b$; so wäre $5a < 5b$ (§. 13.), also $A < B$. Beides ist gegen die Voraussetzung $A = B$.

§ 16.

Die Gleichvielfachen zweier oder mehrerer gleichartigen Größen sind vereinigt so groß, wie das Ebensovielfache der vereinigten Größen.

Es sei A das Dreifache von a, also $A = a + a + a$

und B das Dreifache von b, also $B = b + b + b$; so ist

$A + B = a + a + a + b + b + b$ oder $A + B = a + b + a + b + a + b$.

Heißt nun C die vereinigte Größe $a + b$, so ist $A + B = C + C + C$ oder $A + B = 3C$.

Man kann jedes beliebige andere Vielfache statt des Dreifachen wählen, ohne diese Schlüsse abzuändern.

Eben so wird auch der Beweis geführt, wenn von mehr als zwei Größen z. B. a, b, c die Gleichvielfachen A, B, C gebildet werden und es wird gezeigt, daß, wenn A, B, C etwa die Fünffachen von a, b, c sind, und $D = a + b + c$ ist, auch $A + B + C = 5D$ sein muß.

§. 17.

Der Unterschied der Gleichvielfachen zweier Größen ist das Ebensovielfache des Unterschiedes beider Größen.

Es sei A das Dreifache von a und das kleinere B das Dreifache von b, so soll $A - B$ auch das Dreifache von $a - b$ sein.

Benennt man nämlich den dritten Theil von $A - B$ mit m, so wird man, wenn man das Dreifache von m, d. h. $A - B$, mit dem Dreifachen von b, nämlich B, zusammenlegt, das Dreifache von $m + b$ erhalten, man erhält aber A, welches das Dreifache von a ist.

Demnach ist $a = m + b$ und wenn man b von a wegnimmt, so erhält man offenbar m. Also ist $m = a - b$, und mithin $A - B$, welches $3m$ enthält, auch das Dreifache von $a - b$.

Zweiter Abschnitt.

Vorbegriffe der Geometrie.

§. 1.

Die Geometrie d. i. die Lehre von den **Raumgrößen** geht von gewissen **Grundvorstellungen** aus, welche im Bewußtsein eines jeden Menschen leicht hervorgerufen werden.

§. 2. Erste Grundvorstellung.

Die erste einfachste Grundvorstellung ist die des **mathematischen Punktes**, der sich von jedem noch so kleinen im Raume befindlichen Gegenstande dadurch unterscheidet, daß er keinen Stoff und keine Größe also auch keine Theile hat.

§. 3. Zweite Grundvorstellung.

Die zweite Grundvorstellung ist die der **Linie**, einer bloßen Länge ohne Breite, die man sich durch Bewegung eines Punktes im Raume, als Spur desselben, entstanden denken kann. Wenn der in Bewegung gedachte Punkt seine Richtung nie ändert, so entsteht eine **gerade** Linie; wenn er nie dieselbe Richtung behält, so entsteht eine **krumme** Linie.

§. 4. Dritte Grundvorstellung.

Die dritte Grundvorstellung ist die der **Fläche**, welche Länge und Breite hat. Gewisse Flächen können durch Fortbewegung einer Linie entstanden gedacht werden. Ist dabei die bewegte Linie eine gerade und wird sie so bewegt, daß jeder ihrer Punkte wieder eine gerade Linie aber in einer anderen Richtung bildet; so entsteht **eine ebene Fläche** oder **Ebene**. Eine Fläche ist **krumm**, wenn kein Theil derselben eben ist.

§. 5. Vierte Grundvorstellung.

Die vierte Grundvorstellung ist die des geometrischen Körpers, d. i. eines von allen Seiten begrenzten Raumes, der also außer der Länge und Breite noch eine dritte Ausdehnung in die Tiefe oder Höhe hat. Man gelangt zu der Vorstellung des mathematischen Körpers, wenn man sich von einem beliebigen physikalischen, d. h. in der Natur außer uns wahrgenommenen, Körper den Stoff wegdenkt, so daß nur noch die Gestalt im Raume zurückbliebe.

§. 6.

Man sieht leicht ein, daß die Grenzen eines geometrischen Körpers Flächen, daß die Grenzen der Flächen Linien und die Grenzen der Linien Punkte sind.

§. 7.

Die wissenschaftliche Betrachtung alles dessen, was sich auf einer unbegrenzt angenommenen Ebene durch Linien dargestellt denken läßt, heißt ebene Geometrie oder Planimetrie.

Anm. Die Darstellung der Punkte und Linien ist in der Wirklichkeit nicht ausführbar, sondern nur in unserem Vorstellungsvermögen. Die Darstellung durch eine Zeichnung ist jedesmal nur ein Bild oder ein Symbol für die Sache selbst.

So bedient man sich zur Bezeichnung der Punkte sehr kleiner Flecke oder Einstiche, neben welche man Buchstaben schreibt, um sie in der Zeichnung auffinden und in der Vorstellung unterscheiden zu können.

Auf dieselbe Weise stellen möglichst feine Striche die Linien dar, zu deren Festhaltung in der Vorstellung und Auffindung in der Zeichnung nur zwei Punkte benannt werden, wenn es gerade Linien sind. Bei einer krummen Linie werden gewöhnlich mehrere Punkte benannt, durch welche sie geht.

§. 8.

Mit den so eben entwickelten Grundvorstellungen hangen gewisse Sätze unmittelbar zusammen; so daß sie keiner weiteren

Herleitung durch Schlüsse fähig sind; aber auch einer solchen nicht bedürfen, die man daher geometrische Grundsätze nennt. Es sind folgende vier.

§. 9. Erster Grundsatz.

Zwischen zwei Punkten im Raume ist nur eine gerade Linie denkbar.

§. 10. Zweiter Grundsatz.

Die gerade Linie ist der kürzeste Weg zwischen zwei Punkten. Die Länge einer geraden Linie zwischen zwei Punkten bestimmt daher die Entfernung dieser Punkte.

§. 11. Dritter Grundsatz.

Eine gerade Linie, die zwei Punkte mit einer Ebene gemein hat, liegt ganz in derselben.

§. 12. Vierter Grundsatz.

Zwei verschiedene gerade Linien können sich nur in einem Punkte durchschneiden.

Anm. Wenn zwei gerade Linien in verschiedener Richtung durch einen Punkt gehen, so liegen jederzeit die Abschnitte der einen auf verschiedenen Seiten der anderen. Man drückt dies dadurch aus, daß man sagt: die Linien durchschneiden sich in diesem Punkte. Hätten sie außer einem Durchschnittspunkt noch einen zweiten, so wären es (§. 9.) nicht verschiedene Linien.

§. 13.

Es hangen ferner mit jenen Grundvorstellungen auch gewisse Anforderungen an das menschliche Vorstellungsvermögen zusammen, zu deren Vollziehung es keiner besonderen Anleitung bedarf. Diese heißen Forderungssätze. Es sind folgende vier.

§. 14. Erste Forderung.

An jeder Stelle im Raume einen Punkt anzunehmen.

§. 15. Zweite Forderung.

Zwei gegebene Punkte durch eine gerade Linie zu verbinden und eine gegebene gerade Linie beliebig zu verlängern d. h. zwischen jeden zwei Punkten des Raumes sich eine gerade Linie zu denken und sich dieselbe nach beiden Seiten hin über die Punkte hinaus beliebig verlängert vorzustellen.

§. 16. Dritte Forderung.

Durch jede drei Punkte im Raume sich eine Ebene gelegt zu denken und sich dieselbe nach allen Seiten hin beliebig erweitert vorzustellen.

§. 17. Vierte Forderung.

Wenn zwischen zwei Punkten ein dritter und zwischen zweien derselben wieder ein dritter und so fort zwischen jeden zwei nächsten Punkten wieder ein dritter nach einer bestimmten Vorschrift gefunden werden kann; sich eine Linie vorzustellen, welche alle nach dieser Vorschrift zu findenden Punkte enthält.

§. 18.

Mit Hülfe dieser Grundvorstellungen und Forderungen läßt sich nun alles, was in der Geometrie gelehrt wird, zur vollständigen Einsicht bringen. Die Begriffe selbst werden durch bestimmte **Erklärungen** festgestellt; die in **Lehrsätzen** ausgesprochenen Wahrheiten durch unwiderlegliche Schlußfolgen auf jene Grundwahrheiten zurückgeführt d. h. **bewiesen**. Ferner werden **Aufgaben** d. h. Anforderungen an den Verstand, gewisse geometrische Vorstellungen in der Anschauung zu begründen, aufgestellt, und durch Zurückführung auf die einfachsten Thätigkeiten des Vorstellungsvermögens **gelöset**; auch die Richtigkeit der Auflösung, wie bei den Lehrsätzen, durch Schlüsse **bewiesen**. Endlich wird in **Zusätzen** auf gewisse Ergebnisse aufmerksam gemacht, die in den entwickelten Sätzen mit enthalten sind, und in Anmerkungen werden andere nicht streng in die Schlußfolge aber doch zur Sache gehörige Umstände angedeutet.

§. 19.

Zu den wichtigsten Erklärungen, welche der gesammten Geometrie vorangeschickt werden müssen, die wir deshalb Haupterklärungen nennen wollen, gehören folgende.

§. 20. Erste Haupterklärung.

Eine ebene Figur ist ein von allen Seiten eingeschlossener Theil einer Ebene, die begrenzten Linien, welche die Figur umschließen, heißen Seiten derselben. Eine Figur heißt geradlinig, wenn ihre Seiten gerade Linien, krummlinig, wenn sie krumme Linien, gemischtlinig, wenn sie theils krumm, theils gerade sind. Alle Grenzen einer Figur zusammengenommen, heißen Umfang derselben.

§. 21. Zusatz.

Es ist klar, daß wenn zwei Figuren so beschaffen sind, daß ein Punkt des Umfanges der einen außerhalb, ein anderer innerhalb der anderen Figur liegt, die beiden Umfänge nothwendig wenigstens in zwei Punkten zusammentreffen müssen, aber auch in mehreren Punkten zusammentreffen können.

§. 22. Zweite Haupterklärung.

Diejenige ebene Figur, welche von einer einzigen krummen Linie begrenzt wird, die von einem Punkte innerhalb der Figur überall gleich weit absteht, heißt Kreis. Die krumme Linie, welche sie begrenzt, heißt Kreislinie (Peripherie), der Punkt, von welchem die Peripherie überall gleich weit entfernt ist, heißt Mittelpunkt (Centrum). Die Linie, welche einen Punkt der Peripherie mit dem Mittelpunkte verbindet und die überall gleich ist, heißt Halbmesser (Radius). Zwei Radien, die in einer geraden Linie liegen, bilden einen Durchmesser (Diameter). Jede andere Linie, die zwei Punkte der Peripherie verbindet, ohne durch den Mittelpunkt des Kreises zu gehen, heißt Sehne (Chorde).

§. 23. Zusatz.

Sich nach der Forderung §. 18. eine Kreislinie für einen gegebenen Mittelpunkt und einen gegebenen Halbmesser denken, heißt einen Kreis aus diesem Mittelpunkt mit dem gegebenen Halbmesser beschreiben.

Dritter Abschnitt.

Von Punkten, Linien und Winkeln.

§ 1. Lehrsatz.

Der Abstand eines Punktes innerhalb eines Kreises vom Mittelpunkte ist kleiner als der Radius.

Beweis.

Es sei (Taf. 1. Fig. 1) ein Kreis mit dem Mittelpunkte A gegeben und ein Radius desselben sei AB, auch sei innerhalb des Kreises ein Punkt C gegeben und die Gerade AC (Abschn. II, §. 15.) gezogen; so ist zu beweisen, daß AC kleiner ist als AB.

Man verlängere AC, (Abschn. II. §. 15.) so muß die Verlängerung einmal die Kreislinie treffen. Dies geschehe in D, so ist AD gleich AB (II, 22.). Da nun AC nur ein Stück der Linie AD ist, so ist AC kleiner als AD (I, 5.); also auch kleiner als AB (I, 3.); was zu beweisen war.

§. 2. Lehrsatz.

Der Abstand eines Punktes außerhalb des Kreises vom Mittelpunkte ist größer als der Radius.

Beweis.

Es sei (Fig. 2.) ein Kreis mit dem Mittelpunkte A gegeben und ein Radius desselben sei AB; außerhalb des Kreises aber sei der Punkt C angenommen und die Linie AC gezogen; so soll AC größer als AB sein.

Die Linie AC schneidet die Peripherie des Kreises zwischen A und C in einem Punkte, z. B. in D. Es ist also AC größer als AD; nun ist aber AD gleich AB (II. 22.), folglich ist auch AC größer als AB.

§. 3. Lehrsatz.

Jeder Punkt, dessen Entfernung vom Mittelpunkte eines Kreises dem Radius desselben gleich ist, liegt in der Peripherie.

Beweis.

Es sei (Fig. 3.) ein Kreis um A mit dem Radius AB gegeben. Ein Punkt C habe von A die Entfernung AC, gleich dem Radius AB; so muß der Punkt C in der Peripherie des Kreises liegen.

Läge nämlich C innerhalb des Kreises; so wäre AC kleiner als AB (§. 1.), was gegen die Voraussetzung ist.

Läge C außerhalb des Kreises; so wäre AC größer als AB (§. 2.), was auch gegen die Annahme ist.

Da also nur 3 Fälle denkbar sind, nämlich daß C entweder innerhalb des Kreises, oder außerhalb desselben, oder auf der Peripherie desselben liegt und da von diesen drei möglichen Fällen die ersten beiden nicht statt finden können, wenn AC gleich AB ist, so muß der dritte statt finden, d. h. C muß auf der Peripherie des Kreises liegen.

§. 4. Lehrsatz.

Jeder Punkt, dessen Entfernung vom Mittelpunkte eines Kreises kleiner ist als der Radius, liegt innerhalb des Kreises; und jeder Punkt, dessen Entfernung vom Mittelpunkte eines Kreises größer als der Radius ist, liegt außerhalb des Kreises.

Beweis.

Es sei (Fig. 4.) ein Kreis um A mit dem Radius AB gegeben. Ein Punkt C habe vom Mittelpunkte die Entfernung AC, kleiner als AB. Es ist zu zeigen, daß C innerhalb des Kreises liegt.

Läge C auf der Peripherie, so wäre AC gleich AB (II. 22.); läge C außerhalb des Kreises, so wäre AC größer als AB (§. 2.) Beides wäre gegen die Voraussetzung. Mithin liegt C innerhalb des Kreises.

Hat man aber einen Punkt D, dessen Entfernung von A, die Linie AD, größer ist als der Radius AB, so liegt dieser Punkt außerhalb des Kreises.

Läge D auf der Peripherie, so wäre AD gleich AB, läge D innerhalb des Kreises, so wäre AD kleiner als AB (§. 1.). Beides widerspricht der Voraussetzung. Es ist also D außerhalb des Kreises.

Anm. Wir haben zu diesen vier ersten Sätzen, die fast keiner Herleitung bedürfen, hier ausführliche Beweise gegeben, um an leichten Gegenständen die Form des strengen mathematischen Beweises zu zeigen, und zugleich auf den Unterschied der direkten und der indirekten Beweise hinzudeuten.

Direkt ist ein Beweis, wenn er durch sichere Folgerung geradezu aus der Voraussetzung den Schluß ableitet.

Indirekt ist ein Beweis, wenn er zeigt, daß aus der Voraussetzung nichts anders abgeleitet werden kann als dasjenige, was der Schlußsatz behauptet.

Die Beweise §. 1. und § 2. sind direkte, die Beweise §. 3. und §. 4. sind indirekte.

§. 5. Lehrsatz.

Die Entfernungen zweier Punkte von einem dritten sind zusammengenommen größer als die Entfernungen beider Punkte unter sich.

Beweis.

Es seien (Fig. 5.) zwei Punkte A und B gegeben, die von einem dritten Punkte C die Entfernungen AC und BC haben. Es soll bewiesen werden, daß diese beiden Entfernungen zusammengenommen größer sind als AB.

Da AB eine gerade Linie ist, so ist sie die kürzeste Entfernung zwischen den beiden Punkten A und B (II, 10.), mithin muß die Verbindung der beiden Punkte A und B durch die Linien AC und CB länger sein als AB.

§. 6. Lehrsatz.

Zwei Punkte auf einer Seite einer geraden Linie, die von einem Endpunkte derselben gleich weit abstehen, sind von dem anderen ungleich entfernt, und zwar ist diesem derjenige näher, dessen Abstandslinie zwischen den andern beiden Linien liegt.

Beweis.

Es sind auf der Linie AB die beiden begrenzenden Punkte A und B gegeben und außerhalb derselben hat der Punkt C eine bestimmte Entfernung CA von A und eine bestimmte Entfernung CB von B. Außerdem ist auf derselben Seite der Linie AB der Punkt D gegeben, der von A die Entfernung AD = AC und von B die Entfernung DB hat. Es soll bewiesen werden, daß CB kleiner als DB ist, weil CA zwischen AD und AB liegt.

Ist die Figur (Fig. 6.) so beschaffen, daß C auch zwischen der Linie AB und DB liegt, so verlängere man AC bis es die Linie DB in E trifft, dann ist.

$AD + DE > AE$ (III, 5.)

$AD + DE > AC + CE$, weil $AE = AC + CE$,

$CE + EB > CB$ (III, 5.)

$AD + DE + CE + EB > AC + CE + CB$ (I, 7.)

$AD + DE + EB > AC + CB$ (I, 9.)

$AD + DB > AC + CB$, weil $DE + EB = DB$,

$DB > CB$, weil $AD = AC$.

Ist die Figur (Fig. 6.) so beschaffen, daß C auf der Linie DB liegt, etwa in E, also $AE = AD$ ist, so ist auch $DB > EB$ (I, 5).

Ist die Figur (Fig 7.) so beschaffen, daß C außerhalb DB und BA liegt, daß also die Linie AC die Linie DB in E durchschneidet, so ist:

$AE + ED > AD$ (III, 5.)

$AE + ED > AC$ (I, 3.); weil $AD = AC$,

$AE + ED > AE + EC$; weil $AC = AE + EC$,

$DE > EC$ (I, 9.)

Ferner $BE + EC > BC$ (III, 5.)

$BE + ED > BC$, weil $ED > EC$

$BD > BC$.

Es ergiebt sich also für alle möglichen Lagen des Punktes C, daß $BD > BC$ ist; was zu beweisen war.

§. 7. Aufgabe.

Einen Punkt zu finden, der von zweien in einer Ebene gegebenen Punkten gleiche und dieselbe Entfernung hat, welche diese Punkte unter sich haben.

Auflösung.

Es seien (Fig. 8.) die Punkte A und B gegeben. Es soll ein Punkt gefunden werden, der sowohl von A als auch von B um die Linie AB entfernt ist.

Man beschreibe um A mit der Linie AB einen Kreis (II, 23.), eben so um B mit demselben Radius. Beide Kreise müssen sich durchschneiden, denn, wenn man AB über B hinaus verlängert (II, 15), bis es ein Durchmesser des Kreises um B wird, so entsteht die Linie AC, deren einer Endpunkt A innerhalb des Kreises um A, der andere C aber außerhalb liegt (III, 4.), da nun die Peripherie des Kreises um B durch A und C geht; so muß sie nothwendig den Kreis um A durchschneiden und zwar sowohl oberhalb AC einmal als auch unterhalb AC einmal.

Es sei in D einer der Durchschnittspunkte; so läßt sich beweisen, daß D von A und auch von B eben so weit entfernt ist, wie A von B. Zieht man nämlich die Geraden DB und DA; so ist DB gleich BA, als Radien desselben Kreises (II, 22.); ebenso ist auch DA gleich AB aus demselben Grunde, daher ist auch DA gleich DB (I, 4). Es hat also D dieselbe Entfernung von A und B, welche diese Punkte unter sich haben. Dasselbe ließe sich auch von dem anderen Durchschnittspunkte E beweisen.

Anm. Es lassen sich also jedesmal zwei Punkte finden, die der Aufgabe Genüge thun; und zwar auf jeder Seite nur einer Denn jeder andere Punkt auf der Peripherie des Kreises um A auf derselben Seite, wo D liegt, hätte zwar von A gleiche Entfernung mit D (I, 22.), aber deshalb ungleiche von B (III. 7.).

§. 8 Aufgabe.

Von einer gegebenen nach einer Seite hin unbegrenzten geraden Linie ein Stück abzuschneiden, das einer gegebenen, von beiden Seiten begrenzten geraden Linie gleich ist.

Auflösung.

Es sei (Fig. 9) eine Gerade gegeben, die sich von dem Punkte A aus in beliebiger Richtung AB nach einer Seite hin unbegrenzt erstreckt. Man soll von derselben ein Stück abschneiden, welches der gegebenen begrenzten Linie CD gleich sei.

Man suche einen Punkt, der von A und C die Entfernung AC hat (§. 7.), dies sei der Punkt E. Dann beschreibe man mit CD um C einen Kreis und ziehe von E durch C eine Gerade, welche die Peripherie dieses Kreises schneiden muß. Es geschehe in F. Nun beschreibe man mit EF um E einen Kreis und ziehe die Linie EA, welche den Kreis um E schneiden muß. Dies geschehe in G. Dann beschreibe man aus A mit AG einen Kreis, dessen Peripherie die unbegrenzte gerade Linie AB treffen muß. Dies geschehe in H; so ist $AH = CD$.

Beweis.

Es ist $EF = EG$ (II, 22) und $EA = EC$ nach der Construktion; also auch $AG = CF$ (I, 8). Da nun auch CD gleich CF, so ist auch $CD = AG$, und weil $AG = AH$, so ist nun auch $AH = CD$, was bewiesen werden sollte.

Anm. Obgleich man leicht in der Vorstellung von der Geraden AB sich ein Stück AH = CD absondern kann, so lehrt doch die Auflösung dieser Aufgabe, wie man den anderen Grenzpunkt H durch Anwendung der einfachsten Forderungen bestimmt finden müsse, so daß über die Ermittelung seiner Lage kein Zweifel mehr bleibt. Daß das mechanische Ueberführen einer Linie mit der Zirkelausspannung, wie beim Zeichnen der Figuren zu geschehen pflegt, keine geometrische Construction ist, sieht man leicht ein. Die strenge Geometrie darf daher von dieser durch Euklides (280 v. Chr.) gelehrten Begründung der Linienabtragung nicht abgehen.

§. 9. Erklärung.

Ein Winkel ist die Richtungsabweichung zweier geraden Linien, die von einem Punkte ausgehen. Der Punkt von dem die beiden Linien ausgehen, heißt der Scheitelpunkt des Winkels und die Linien selbst heißen die Schenkel desselben. Die unvollständig begrenzte Ebene zwischen den Schenkeln des Winkels heißt Winkelblatt.

Anm. Da eine gerade Linie ihre Richtung nicht ändert, so weit man sie auch verlängert, so kommt es bei der Bestimmung eines Winkels auf die Länge der Schenkel nicht an.

Man benennt einen Winkel, indem man entweder außer dem Scheitelpunkte noch einen beliebigen Punkt in jedem Schenkel bezeichnet und dann die Buchstaben, welche man zur Bezeichnung dieser Punkte gewählt hat, in einer solchen Ordnung nennt, daß der am Scheitelpunkt stehende die Mitte einnimmt; oder man nennt auch bloß den am Scheitelpunkt stehenden Buchstaben, oder man setzt zwischen beide Schenkel einen Buchstaben, der zur Bezeichnung dienen soll. Man kann also den in Fig. 10. gegebenen Winkel entweder Winkel ABC, oder Winkel bei B, oder Winkel a nennen.

§. 10. Lehrsatz.

Gleiche Winkel können so auf einander gelegt werden, daß die Scheitelpunkte, die Schenkel und die unbegränzten Winkelblätter vollständig zusammenfallen und ungleiche Winkel sind immer um einen Winkel verschieden. Daher kann ein Winkel auch größer oder kleiner sein als ein anderer.

Beweis.

Es seien zuerst die gleichen Winkel (Fig. 10.) ABC und DEF gegeben, von denen gezeigt werden soll, daß sie sich vollständig decken können.

Man denke sich die Linie BC so auf EF gelegt, daß B auf E und C auf einen Punkt von EF oder in die Verlängerung dieser Linie über F hinaus fällt; dann wird die ganze Linie BC in die Linie EF fallen (Abschn. II, 9.).

Es muß aber dann auch BA in ED fallen: denn wäre dies nicht der Fall, fiele z. B. BA in die Lage der Linien EG oder EH; so hätte offenbar EG oder EH von EF d. h. AB von BC eine andere Richtungs-Abweichung als ED von EF und die Winkel wären ungleich. Sie sind aber gleich angenommen.

Sind ferner zwei Winkel ungleich, wie dies Fig. 10. mit den Winkeln HEF und ABC, und, wenn ABC = DEF ist, auch mit den Winkeln ABC und GEF der Fall ist; so sind sie um einen Winkel GED oder HED unterschieden. Es ist also EH mehr abweichend von EF als AB von BC und zwar weicht HE von EF um so viel mehr ab, um wie viel HE von ED abweicht. Man sieht daher ein, in welchem Sinne gesagt wird, der Winkel HEF ist um den Winkel HED größer als ABC, oder als DEF, und Winkel GEF ist um DEG kleiner als ABC oder DEF.

§. 11. Erklärung.

Wenn zwei Winkel einen gemeinsamen Scheitelpunkt, einen gemeinsamen Schenkel haben und dabei die anderen Schenkel in einer geraden Linie liegen; so heißen sie Nebenwinkel. Wenn zwei Winkel einen gemeinsamen Scheitelpunkt haben und die Schenkel des einen Verlängerungen der Schenkel des anderen sind; so heißen sie Scheitelwinkel oder Vertikalwinkel.

Anm. Wenn (Fig. 11.) die geraden Linien AB und CD sich in E durchschneiden; so entstehen vier Paare von Nebenwinkeln und zwei Paare von Scheitelwinkeln, zu den ersteren gehören z. B. die Winkel AED und DEB, zu den letzteren AED und CEB.

§. 12. Lehrsatz.

Wenn zwei Winkel gleich sind; so sind auch ihre Nebenwinkel gleich.

Beweis.

Es sei (Fig. 12.) der Winkel ABC dem Winkel DEF gleich und AB über B verlängert bis G, DE über E bis H; so soll auch Winkel CBG = FEH sein.

Der Winkel DEF läßt sich, wegen der Gleichheit, so auf ABC legen, daß DE auf AB, E auf B und EF auf BC fällt (III, 10.). Da nun dann die Linie DE auf AB fällt, so haben beide Linien mehr als einen Punkt gemein, fallen daher ganz auf einander; also auch der Theil EH auf den Theil BG; mithin ist auch Winkel CBG = FEH.

§. 13. Lehrsatz.

Jeder Winkel ist seinem Scheitelwinkel gleich.

Beweis.

Es sei (Fig. 11.) der Winkel AEC gegeben, dessen Schenkel AE über E hinaus beliebig bis B, und dessen Schenkel CE über E hinaus beliebig bis D verlängert ist; man soll beweisen, daß der Winkel AEC dem Winkel DEB gleich ist. Der Winkel AEC ist der Nebenwinkel von AED; eben so ist auch Nebenwinkel von AED der Winkel DEB. Da nun AED = AED (I, 3.); so ist auch AEC = DEB (III, 12.). Was zu beweisen war.

§ 14. Erklärung.

Wenn zwei Nebenwinkel gleich sind; so wird jeder von beiden ein rechter Winkel genannt. Von ungleichen Nebenwinkeln heißt der größere ein stumpfer Winkel, der dann auch größer als ein rechter ist, der kleinere ein spitzer Winkel, der auch kleiner als ein rechter ist.

Erläuterung.

Man betrachte (Fig. 13.) die Nebenwinkel ACD und DCB und die Nebenwinkel ACE und ECB, so ist ACE um DCE größer als ACD, dahingegen ECB um DCE kleiner als DCB. Daher betragen die Winkel ACD + DCB genau eben so viel als ACE + ECB. Dasselbe gilt für die Winkel ACF + FCB.

Je nachdem also der gemeinschaftliche Schenkel zweier Nebenwinkel seine Lage verändert; wird einer dieser Winkel größer und der andere um eben so viel kleiner, beide zusammen behalten aber eine unveränderliche Größe.

Hat nun der gemeinsame Schenkel CG eine solche Lage, daß beide Nebenwinkel ACG und GCB gleich sind; so muß jeder halb so groß sein, als zwei Nebenwinkel zusammen sind. Dann heißt einer derselben ein rechter Winkel. Es ist also der rechte Winkel GCA eine ganz bestimmte Winkelgröße d. h. Alle rechte Winkel sind gleich. Ist einer der Nebenwinkel ECB größer als der andere ECA; so ist er natürlich auch größer als die Hälfte von beiden zusammen; daher ist ein stumpfer Winkel ECB größer als ein rechter. Ist aber einer der beiden Nebenwinkel ECA kleiner als der andere ECB, so ist er auch kleiner als die Hälfte beider zusammen; also ist der spitze Winkel ECA auch kleiner als ein rechter GCA.

Anm. Der rechte Winkel wird oft der Abkürzung wegen durch den Buchstaben R bezeichnet.

§. 15. Lehrsatz.

Jede zwei Nebenwinkel betragen zusammen so viel als zwei rechte und alle Winkel um einen Punkt herum in einer Ebene betragen zusammen so viel wie vier rechte.

Beweis.

Sind ABC und CBD (Fig. 14.) zwei ungleiche Nebenwinkel, und EBA, EBD zwei gleiche Nebenwinkel, so ist

ABE + EBD = 2 R,

ABC + CBE + EBD = 2 R, weil ABC + CBE = ABE,

ABC + CBD = 2 R, weil CBE + EBD = CBD

Die Nebenwinkel betragen also so viel als zwei Rechte.

Sind nun mehrere Winkel auf einer Seite einer geraden Linie mit gemeinschaftlichem Scheitelpunkt, z. B. Fig. 13. die Winkel ACD, DCE, ECF, FCB, so betragen auch diese zusammen zwei Rechte, weil man sie alle zusammen als vollständige Theile zweier Nebenwinkel ansehen kann.

Liegen mehrere Winkel um einen gemeinschaftlichen Scheitelpunkt z. B. die Winkel (Fig. 15.) CAE, EAF, FAC, so lege man durch den Scheitelpunkt A eine gerade Linie BA verlängert bis D. Dann ist

BAC + CAD = 2 R und

BAF + FAE + EAD = 2 R also

BAC + CAD + BAF + FAE + EAD = 4 R

FAC + CAE + EAF = 4R, weil FAB + BAC = FAC und CAD + DAE = CAE.

Es ist demnach erwiesen, daß alle Winkel um einen Punkt herum zusammen vier rechten Winkeln gleich sind.

§ 16. Lehrsatz.

Wenn zwei Winkel den Scheitelpunkt und einen Schenkel gemein haben, auf verschiedenen Seiten desselben liegen und zusammen zwei rechte betragen; so bilden ihre anderen beiden Schenkel eine gerade Linie.

Beweis.

Die Winkel ABC und CBD (Fig. 16.) haben den gemeinschaftlichen Schenkel BC, liegen auf verschiedenen Seiten desselben und sind zusammen so groß als zwei rechte. Die Linien AB und BD sollen eine gerade Linie bilden.

Wäre dies nicht der Fall, so würde AB über B hinaus verlängert nicht in die Richtung von BD fallen, sondern in eine andere z. B. BE, dann wäre ABC + CBE = 2 R (III. 15.), aber auch nach unserer Annahme ABC + CBD = 2R; mithin ABC + CBE = ABC + CBD, folglich auch CBE = CBD, was unmöglich ist, wenn BE eine andere Richtung als BD hat.

Vierter Abschnitt.

Von den Dreiecken und deren Congruenz.

§. 1. Erklärung.

Eine von drei Seiten eingeschlossene geradlinige Figur wird Dreieck genannt. Je zwei Seiten des Dreiecks schließen einen Winkel ein. Das Dreieck hat also auch drei Winkel Man nennt die inneren Winkel des Dreiecks diejenigen, in deren Winkelblättern die Fläche des Dreiecks d. h. der von den Seiten eingeschlossene Theil der Ebene liegt. Die Nebenwinkel dieser inneren Winkel heißen Außenwinkel des Dreiecks. Sind alle drei Seiten eines Dreiecks gleich; so wird es gleichseitig genannt; sind nur zwei einander gleich; so heißt es gleichschenklig und diese gleichen Seiten werden Schenkel genannt, die dritte ihnen ungleiche Seite heißt Grundlinie. Ein Dreieck mit drei ungleichen Seiten heißt ungleichseitig. Hat ein Dreieck drei innere spitze Winkel; so heißt es spitzwinklig, hat es einen innern rechten Winkel; so heißt es rechtwinklig. Ist ein innerer Winkel ein stumpfer; so wird das Dreieck ein stumpfwinkliges genannt. Die Gegenseite eines Winkels in einem Dreieck ist diejenige, welche nicht

Schenkel dieses Winkels ist. Der Gegenwinkel einer Seite ist derjenige, der diese Seite nicht unter seinen Schenkeln hat. Ein anliegender Winkel ist ein solcher, zu dessen Schenkeln diese Seite gehört.

§. 2. Erklärung.

Wenn zwei Figuren so beschaffen sind; daß ihre Umfänge sich genau auf einander legen lassen, also auch ihre Flächen ganz in einander fallen; so heißen sie congruent. Geradlinige Figuren werden also congruent sein, wenn der Reihe nach die Seiten und die inneren Winkel, einzeln verglichen, in der einen genau so groß sind, wie in der anderen.

Erläuterung.

Dreiecke sind also congruent (oder decken sich), wenn alle drei Seiten der Reihe nach einander gleich und die von gleichen Seiten eingeschlossenen Winkel einander gleich sind. In congruenten Dreiecken werden die Gegenseiten gleicher Winkel und die Gegenwinkel gleicher Seiten gleichliegend genannt.

Das Zeichen der Congruenz ist $\cong$.

§. 3. Lehrsatz.

Erster Lehrsatz der Congruenz.

Zwei Dreiecke sind congruent; wenn zwei Seiten des einen, einzeln verglichen, zweien Seiten des anderen gleich sind, und der von diesen Seiten eingeschlossene Winkel in dem einen Dreieck so groß ist wie in dem anderen.

Beweis.

In den Dreiecken ABC und DEF (Fig. 17.) sei AB = DE, AC = DF und Winkel BAC = EDF. Man soll beweisen, daß beide congruent sind.

Die gleichen Winkel BAC und EDF lassen sich (III, 10.) so auf einander legen, daß Scheitelpunkt D mit A zusammenfällt und Schenkel DE auf AB, DF auf AC. Dann fällt aber auch E auf B, weil DE = AB, und F auf C; weil DF = AC, also auch BC auf EF (II, 9.). Es fallen demnach die Grenzen beider Dreiecke zusammen. Sie sind also congruent und Winkel DEF = ABC, DFE = ACB, CB = FE. Was zu beweisen war.

Anm. Wir wollen diesen Lehrsatz den Seiten- Winkel- Seiten-Satz nennen und ihn in der Folge kurz durch SWS andeuten.

§. 4. Lehrsatz.

Zweiter Lehrsatz der Congruenz.

Zwei Dreiecke sind congruent; wenn eine Seite des einen gleich ist einer Seite des andern, und die beiden an diesen Seiten anliegenden Winkel, einzeln verglichen, in dem einen Dreieck so groß sind, wie in dem andern.

Beweis.

In den beiden Dreiecken ABC und DEF (Fig. 18.) sei AC = DF, Winkel BAC = EDF, BCA = EFD. Es soll Dreieck ABC mit DEF congruent sein.

Es läßt sich zeigen daß CB = FE sein muß. Wäre eine dieser Seiten größer als die andere z. B CB > FE; so könnte man von derselben ein Stück CG = FE abschneiden (III, 8.) und die Gerade GA ziehen. Dann wäre Dreieck ACG ≅ DFE (SWS), da AC = DF, CG = FE und Winkel ACG = DFE ist. Es müßte also wegen dieser Congruenz auch Winkel CAG = FDE sein. Nun ist aber FDE = CAB; also wäre CAG = CAB, ein Stück also dem Ganzen gleich, was unmöglich ist. Es kann also CB nicht verschieden sein von FE.

Ist aber CB = FE, so ist ja auch AC = FD und Winkel ACB = DFE, also ist Dreieck ACB ≅ DFE (SWS). Was zu beweisen war.

Anm. Wir nennen diesen Satz den Winkel- Seite- Winkel-Satz, und bezeichnen ihn in der Folge durch (WSW).

§. 5. Lehrsatz.

Dritter Lehrsatz der Congruenz.

Zwei Dreiecke sind congruent; wenn die drei Seiten des einen der Reihe nach, einzeln verglichen, den drei Seiten des anderen gleich sind.

Beweis.

In den Dreiecken ABC und DEF (Fig. 19.) sei AB = DE, BC = EF, CA = FD. Es soll ABC congruent mit DEF sein.

Man kann zeigen, daß Winkel DEF = ABC sein muß.

Wären diese Winkel ungleich; so müßte einer von beiden größer sein als der andere. Es sei DEF > ABC. Legte man nun das Dreieck DEF so auf ABC, daß die Linie EF mit ihren Endpunkten auf die ihr gleiche Linie BC fällt; ED in BG und FD in CG; so wäre Winkel GBC > ABC. Es läge also AB zwischen GB und BC. Es wäre aber GB = DE, AB = DE also GB = AB (I, 4.) dann wäre GC > AC (III, 6.). Es ist aber GC = DF, AC = DF also GC = AC; folglich wäre GC > GC, was gegen den ersten Grundsatz (I, 3.) verstößt. Es kann daher Winkel ABC nicht ungleich sein dem Winkel DEF. Ist aber DEF = ABC und BC = EF und BA = ED; so ist △ ABC ≅ DEF (SWS) Was zu beweisen war.

Anm. Wir nennen diesen Satz den Dreiseitensatz und bezeichnen ihn durch (SSS).

§. 6. Aufgabe.

Ein Dreieck zu construiren, dessen drei Seiten gegebenen Linien gleich sind, von denen immer je zwei zusammengenommen die dritte an Größe übertreffen.

Auflösung.

Es seien (Fig. 20.) die drei Linien AB, CD, EF gegeben, von denen je zwei zusammen immer größer als die dritte sind (d h. die größte kleiner ist als die anderen beiden zusammengenommen). Es soll ein Dreieck construirt werden, dessen Seiten einzeln den Linien AB, CD, EF gleich sind

Man schneide von einer beliebigen geraden Linie ein Stück GH = AB, dann ein Stück HK = CD und endlich ein Stück KL = EF ab. Dann beschreibe man aus H mit HG einen Kreis, der die Linie HL in M schneidet. Es muß der Punkt L außerhalb dieses Kreises liegen, weil HK + KL größer als HG ist (III, 4.); sodann beschreibe man aus K einen Kreis mit KL, der die Linie KG in N trifft. Es muß wiederum G außerhalb dieses Kreises liegen, weil KH + HG größer als KL ist. Auch kann der Punkt N nicht zwischen M und K liegen auch nicht mit M zusammenfallen, weil KN + HM d. h. KL + HG größer als HK ist. Es muß also N innerhalb des Kreises um H, und M innerhalb des Kreises um K liegen. Beide Kreise durchschneiden sich daher (II, 21.). Dies geschehe in O. Zieht man nun die Linien OH, OK; so ist das Dreieck OHK das verlangte.

Beweis.

In dem Dreiecke HOK ist HO = GH (II, 22), GH = AB, also HO = AB, ferner ist HK = CD, OK = KL, KL = EF; also OK = EF. Das Dreieck hat also die verlangten Seiten.

Anm. 1. Es wird sich auf derselben Seite von HK; wo die Seite HO = AB werden soll, nur ein solches Dreieck construiren lassen. Denn jedes so angenommene Dreieck wird mit HOK congruent (IV, 5.).

Anm. 2. Soll ein gleichseitiges Dreieck construirt werden, so ist nur eine

Seite gegeben, und man beschreibt aus beiden Endpunkten derselben Kreise, welche diese Seite zu Radien haben. (Die vollständige Construction ist schon Abschn. III, §. 7 gelehrt. Das Dreieck ABD (Fig. 8.) ist ein gleichseitiges.) Soll ein gleichschenkliges Dreieck construirt werden; so müssen Grundlinie und Schenkel (letzterer größer als die Hälfte der ersteren) gegeben sein; dann beschreibt man Kreise aus den Endpunkten der Grundlinie, welche den Schenkel zum Radius haben, wenn man das Dreieck über der Grundlinie construiren will; oder man beschreibt einen Kreis der den Schenkel zum Radius hat auf einem Endpunkte des Schenkels, und auf dem andern Endpunkte einen Kreis, der die Grundlinie zum Radius hat; wenn man das gleichschenklige Dreieck über dem Schenkel errichten will.

§. 7. Aufgabe.

An eine gegebene gerade Linie in einem gegebenen Punkt, in einer vorherbestimmten Lage einen gegebenen Winkel anzulegen.

Auflösung.

Gegeben sei (Fig. 21.) die Gerade AB, auf ihr der Punkt C. Verlangt wird, einen Winkel, der dem gegebenen Winkel bei D gleich ist, an AB in einer vorherbestimmten Lage anzulegen, z. B. so, daß das Winkelblatt in der Zeichnung oberhalb links liege.

Man nehme auf einem Schenkel des Winkels bei D einen Punkt E beliebig an und schneide von dem anderen ein gleiches Stück DF ab. Darauf ziehe man EF und schneide von CA ein Stück CG ab, das mit DF gleich ist. Hierauf construire man ein gleichschenkliges Dreieck GHC über dem Schenkel GC, das gleiche Seiten mit dem Dreieck DEF hat; so daß CH = DE, GH = FE wird. Dann ist HCG der verlangte Winkel.

Beweis.

Das Dreieck CGH ist dem Dreieck DFE congruent (SSS) und GH = FE; also sind die Gegenwinkel dieser Seiten HCG und EDF gleich.

§. 8. Lehrsatz.

Wenn über derselben Grundlinie zwei gleichschenklige Dreiecke errichtet sind, deren Spitzen nicht zusammenfallen, und man verbindet diese Spitzen durch eine gerade Linie, welche die Grundlinie durchschneiden muß; so entstehen drei Paare congruenter Dreiecke, aus deren Betrachtung sich folgende Sätze ergeben:

a) die Winkel an der Grundlinie eines gleichschenkligen Dreiecks sind einander gleich;
b) die Verbindungslinie beider Spitzen durchschneidet die gemeinschaftliche Grundlinie rechtwinklig;
c) die Verbindungslinie beider Spitzen halbirt die Grundlinie;
d) die Verbindungslinie beider Spitzen halbirt den Winkel an der Spitze in jedem gleichschenkligen Dreieck.

Beweis.

Ueber der Linie AB als Grundlinie (Fig. 22.) sei das beliebige gleichschenklige Dreieck ABC und zugleich über derselben Grundlinie, entweder nach der entgegengesetzten hin, oder auch nach derselben Seite hin, das gleichschenklige Dreieck ABD; und die Spitzen beider Dreiecke seien durch die gerade Linie CD verbunden, welche AB in E trifft; so ist zuerst

Dreieck ACD $\cong$ CDB (SSS); weil CD = CD, CA = CB, AD = BD.

Aus dieser Congruenz folgt:

Winkel ACD = BCD und Winkel ADC = BDC, als gleichliegende in den congruenten Dreiecken.

Nun ist aber auch Dreieck CAE $\cong$ BCE (SWS); weil CE = CE, CA = CB und Winkel ACE = BCE.

Aus ähnlichen Gründen ist Dreieck ADE $\cong$ BDE (SWS).

Es sind also drei Paare congruenter Dreiecke nachgewiesen und es folgt aus der zweiten Congruenz ACE $\cong$ CEB alles, was oben ausgesagt ist, nämlich:

1) Winkel CAE = CBE. Die Winkel an der Grundlinie eines beliebigen gleichschenkligen Dreiecks sind also einander gleich.

2) Winkel CEA = CEB. Die Nebenwinkel, welche die Verbindungslinie der Spitzen CD mit der Grundlinie bildet, sind also einander gleich; folglich ist jeder ein rechter Winkel.

3) AE = EB (als Gegenseiten gleicher Winkel in den congruenten Dreiecken). Die Grundlinie AB ist also in E halbirt.

4) Winkel ACE = BCE (was auch schon aus der ersten Congruenz hervorging). Die Verbindungslinie beider Spitzen halbirt also auch den Winkel ACB.

Anm. 1. Der Beweis leidet, wie man sieht, keine wesentlichen Abänderungen; wenn die Spitzen beider Dreiecke C und D nicht auf verschiedenen, sondern auf derselben Seite der gemeinschaftlichen Grundlinie AB liegen. Sie dürfen nur nicht zusammenfallen.

Anm. 2. Der bewiesene Satz ist sehr einfach, aber sehr wichtig. Die Auflösung einer großen Anzahl von Aufgaben beruht auf ihm; wie in den folgenden Paragraphen gezeigt wird.

§. 9. Aufgabe.

Eine gegebene begrenzte gerade Linie zu halbiren.

Auflösung.

Man errichtet über der Linie als Grundlinie zwei gleichschenklige Dreiecke, deren Spitzen nicht zusammenfallen. Die gerade Linie, welche beide Spitzen verbindet, trifft die Mitte der gegebenen Linie.

Anm. Figur und Beweis zu dieser Construction wird Jedermann aus dem vorigen §. leicht herleiten.

§. 10. Aufgabe.

Einen gegebenen Winkel zu halbiren.

Auflösung.

Man schneidet auf den Schenkeln des gegebenen Winkels vom Scheitelpunkt gleiche Abschnitte ab und verbindet die Endpunkte derselben durch eine gerade Linie, so hat man schon ein gleichschenkliges Dreieck, dessen Grundlinie die Verbindungslinie ist und dessen Winkel an der Spitze der gegebene Winkel ist. Errichtet man nun über derselben Grundlinie noch ein zweites gleichschenkliges Dreieck, und legt durch die Spitzen beider gleichschenkligen Dreiecke eine gerade Linie; so halbirt diese den gegebenen Winkel.

Anm. Auch hier ist die passende Figur und der Beweis sehr leicht aus §. 8. zu entnehmen.

§. 11. Aufgabe.

In einem gegebenen Punkte einer gegebenen geraden Linie ein Perpendikel (eine Winkelrechte) zu errichten; d. h. die gegebene Linie in einem gegebenen Punkte durch eine andere gerade Linie unter gleichen Nebenwinkeln zu durchschneiden.

Auflösung.

Es sei (Fig. 23.) die gerade Linie AB gegeben, und in dem Punkte C auf derselben soll eine Winkelrechte errichtet werden. Man nehme auf der einen Seite des Punktes C auf der Linie AB den Punkt D an, und schneide auf der andern Seite von der Linie ein Stück CE = CD ab. Dann errichte man über DE als Grundlinie ein beliebiges gleichschenkliges Dreieck DFE und verbinde die Spitze desselben F mit dem gegebenen Punkte C durch eine gerade Linie, so ist diese Linie FC ein Perpendikel auf AB d. h. Winkel FCA ist dem Nebenwinkel FCB gleich.

Beweis.

Da nach der Construction DC = CE, FD = FE und FC = FC ist; so ist Dreieck FCD ≅ FCE (SSS), also auch Winkel FCD = FCE. Diese Winkel sind aber Nebenwinkel; folglich ist jeder derselben ein rechter, und FC rechtwinklig zu AB. Was zu beweisen war.

Anm. Daß in einem Punkte einer geraden Linie nur ein Perpendikel auf derselben errichtet werden kann, ist leicht einzusehen. Wenn nämlich eine gerade Linie gleiche Nebenwinkel bildet, so muß jede andere, die durch den gemeinschaftlichen Scheitelpunkt geht, ungleiche Nebenwinkel bilden. Es wird jeder dies leicht an einer Figur (z. B. an der Fig. 14.) nachweisen können.

§. 12. Aufgabe.

Von einem gegebenen Punkte außerhalb einer gegebenen geraden Linie ein Perpendikel auf dieselbe zu fällen, d. h. von diesem Punkte eine gerade Linie zu ziehen, welche die gegebene unter gleichen Nebenwinkeln durchschneidet.

Auflösung.

Es sei (Fig. 24.) die Linie AB gegeben und außerhalb auf einer Seite derselben der Punkt C. Man soll von C aus ein Perpendikel auf dieselbe fällen. Man ziehe die geraden Linien CA und CB und construire auf der andern Seite von AB das Dreieck ADB, so daß Seite AD = AC, BD = BC wird (IV, 6.). Dann ziehe man die Gerade CD, welche die Linie AB in E durchschneidet, so ist CE eine Senkrechte (d. i. ein Perpendikel) auf AB.

Beweis.

Weil AE = AE und nach der Construction AC = AD, Winkel CAE = DAE; so ist Dreieck AEC ≅ AED (SWS); also auch Winkel CEA = AED. Dies sind aber Nebenwinkel; folglich ist jeder ein rechter, also CEA = R. Mithin auch CEB = R. Es ist also CE ein Perpendikel auf AB.

Anm. 1. Man sieht, daß auch diese Auflösung eine Folge des wichtigen Satzes §. 8. ist.

Anm. 2. Daß von einem Punkte außerhalb einer geraden Linie nur ein Perpendikel auf dieselbe gefällt werden kann, lehrt die aufmerksame Betrachtung der Figur. Gäbe es außer CE noch ein Perpendikel Co und läge e nach der Seite hin, wo B ist, so könnte man dies Perpendikel über e hinaus verlängern und die Verlängerung ed = Ce machen. Zöge man dann Ad; so wäre Dreieck AeC congruent mit Aed (SWS), weil Ae = Ae, Winkel Aed = AeC (III, 14) und ed = eC. Wegen dieser Congruenz ist also auch Ad = AC und Winkel eAd = eAC.

Zieht man nun die Gerade dB, so ist Dreieck AdB congruent ACB (SWS), weil AC = Ad, Winkel CAB = dAB und AB = AB. Es wäre also AD = Ad und DB = dB, was unmöglich ist (III, 6.).

§. 13. Lehrsatz.

Der Außenwinkel eines Dreiecks ist größer als jeder der beiden inneren Winkel, die nicht seine Nebenwinkel sind.

Beweis.

Es sei (Fig. 25.) das Dreieck ABC gegeben, die Seite BC desselben über C hinaus bis D verlängert. Es ist zu zeigen, daß der Außenwinkel ACD größer ist als BAC und auch größer als ABC.

Man halbire AC in E, ziehe die Gerade BE und verlängere sie bis F, so daß EF = EB wird, und ziehe die Gerade FC. Dann ist AE = EC, EB = EF und Winkel AEB = FEC (III, 13), also Dreieck AEB ≅ FEC (SWS), folglich ist auch Winkel ECF = EAB, als Gegenwinkel der gleichen Seiten EF und EB in diesen Dreiecken. Nun ist ACD > ECF, denn ECF ist nur ein Stück von ACD, also ist auch ACD > BAC.

In derselben Weise ergiebt sich, wenn man AC über C hinaus bis G verlängert, daß BCG > ABC. Es ist aber BCG = ACD (III, 13.); also ist auch ACD > ABC. Was zu beweisen war.

Da Winkel ACD + ACB = 2 R (III, 15.) und Winkel ACD > ABC, wie eben bewiesen worden; so ist auch ABC + ACB < 2 R (I, 7.). Die Winkel ABC und ACB sind aber innere Winkel des Dreiecks ABC. Es ergiebt sich also der

Zusatz.

Zwei innere Winkel eines Dreiecks sind zusammen kleiner als zwei Rechte.

Anm. Da nun zwei innere Winkel eines Dreiecks zusammen kleiner sind als zwei Rechte; so muß, wenn ein innerer Winkel ein rechter oder ein stumpfer ist, jeder andere ein spitzer sein. Ein rechtwinkliges Dreieck hat daher nur einen rechten, und ein stumpfwinkliges nur einen stumpfen Winkel, wie es in der Erklärung §. 1. ausgesprochen ist.

§. 14. Lehrsatz.

In jedem Dreieck steht der größeren Seite ein größerer Winkel gegenüber.

Beweis.

Es sei (Fig. 26.) im Dreieck ABC die Seite AC > AB. Es soll auch Winkel ABC > ACB sein.

Man schneide von AC ein Stück AD = AB ab und ziehe die Gerade BD; so ist ABD ein gleichschenkliges Dreieck, also Winkel ADB = ABD. Nun ist ABC > ABD also auch ABC > ADB. Da aber ADB > ACB ist (IV, 13.); so ist gewiß auch ABC > ACB. Was zu beweisen war.

§. 15. Lehrsatz.

Wenn zwei Winkel eines Dreiecks gleich sind; so sind auch ihre Gegenseiten gleich, d. h. das Dreieck ist ein gleichschenkliges.

Beweis.

In dem Dreieck ABC (Fig. 27.) sei der Winkel bei B dem Winkel bei C gleich. Es soll bewiesen werden, daß auch AC = AB ist.

Wäre eine von beiden Seiten, z. B. AB größer als die andere AC, so müßte auch der Gegenwinkel der größeren Seite, in unserem Falle der Winkel bei C, größer als der Gegenwinkel der anderen d. h. größer als der Winkel bei B sein; was der Voraussetzung widerspricht: also sind die Seiten gleich und das Dreieck ist gleichschenklig.

Da jedes gleichseitige Dreieck auch als gleichschenklig betrachtet und dabei jede der drei Seiten als Grundlinie angenommen werden kann; so ergiebt sich leicht der

Zusatz.

In einem gleichseitigen Dreiecke werden auch alle Winkel gleich sein und wenn ein Dreieck drei gleiche Winkel hat; so hat es auch drei gleiche Seiten.

Das erste folgt aus IV, 8, a und das zweite ergiebt sich aus diesem Lehrsatz hier ohne Schwierigkeit.

§. 16. Lehrsatz.

In einem Dreieck liegt dem größeren Winkel auch die größere Seite gegenüber.

Beweis.

Im Dreiecke ABC (Fig. 28.) sei der Winkel CAB größer als CBA. Es soll gezeigt werden, daß auch BC größer als AC ist.

Wäre AC gleich CB; so wären auch die Winkel bei B und A gleich; wäre AC größer als CB, so wäre auch der Winkel bei B größer als der bei A. Beides widerspricht der Voraussetzung: mithin ist CB größer als AC.

§. 17. Lehrsatz.

Eine Gerade, von einer Winkelspitze eines Dreiecks auf die Gegenseite gezogen, ist kleiner als der größere Schenkel des Winkels, durch dessen Scheitel sie geht; und wenn diese beiden Schenkel gleich sind, kleiner als jeder derselben.

Beweis.

Es sei (Fig. 26.) das Dreieck ABC gegeben, in welchem AB $>$ BC ist, und von B aus sei nach der Gegenseite AC die Gerade BD gezogen. Es ist zu zeigen, daß BD kleiner ist als der größere Schenkel des Winkels ABC, also BD kleiner als BA.

Weil nämlich AB größer als BC; so ist der Winkel ACB größer als BAC. Da nun ADB größer als BCD ist (IV, 13.); so ist ADB gewiß größer als BAD: mithin auch AB größer als BD. Was zu beweisen war.

§. 18. Lehrsatz.

Unter allen Linien, welche von einem Punkte außerhalb einer geraden Linie nach den Punkten in derselben gezogen werden können, ist die winkelrechte die kürzeste, und jede andere Linie um so größer, je weiter sie von der winkelrechten absteht.

Beweis.

Von dem Punkte A sei (Fig. 29.) auf die Gerade BC das Perpendikel AD gefällt und die schräge Gerade AE gezogen, so soll AE $>$ AD sein.

In dem Dreieck ADE ist der Winkel ADE als rechter Winkel der größeste (IV. 13. Zusatz) also ADE $>$ AED; folglich ist auch AE $>$ AD (IV. 16.). Was zu beweisen war.

Ist ferner von A aus außer der schrägen Linie AE noch eine zweite schräge Linie AF gegen AC gezogen, die vom Perpendikel AD weiter abliegt als AE; so soll AF > AE sein.

Es ist Winkel AEF > ADF (IV. 13.) und da ADE = R so ist AEF ein stumpfer Winkel; also der größeste im Dreieck AEF, folglich ist, weil Winkel AEF > AFE, auch Seite AF > AE. Was zu beweisen war.

§ 19. Lehrsatz.

Wenn in zweien Dreiecken zwei Seiten einzeln verglichen gleich, die eingeschlossenen Winkel aber ungleich sind; so ist die dritte Seite in demjenigen Dreiecke größer, wo sie den größeren Gegenwinkel hat.

Beweis.

Es seien (Fig. 30.) die beiden Dreiecke ABC und DEF gegeben, in denen AB = DE, BC = EF, der Winkel ABC aber größer als DEF ist. Es muß nun auch AC größer als DF sein.

Man wähle in dem Dreieck, das den größeren Winkel ABC hat, von den als übereinstimmend gegebenen Seiten, AB und BC, diejenige, welche nicht die größere ist, dies ist hier AB, und lege an AB in B den Winkel ABG = DEF; so wird der Schenkel desselben zwischen ABC fallen und die Linie AC in G schneiden. Da nun BG kleiner als BC ist (IV. 18.), so verlängere man BG bis H; so daß BH gleich EF = BC wird, und ziehe AH. Dann ist das Dreieck DEF dem Dreieck ABH congruent (SWS); folglich AH = DF. Nun ziehe man die Gerade CH; so ist Dreieck BCH gleichschenklig, also Winkel BHC = BCH. Es ist aber AHC > BHC, also auch AHC > BCH und da BCH > ACH; so ist auch Winkel AHC > ACH; also auch AC > AH, und, da DF = AH; so ist auch AC > DF. Was zu beweisen war.

§. 20. Lehrsatz.

Wenn zwei Seiten eines Dreiecks einzeln verglichen zweien Seiten eines andern gleich sind, die dritte Seite aber ungleich ist; so ist der Gegenwinkel dieser dritten Seite in demjenigen Dreiecke größer, wo diese dritte Seite selbst größer ist.

Beweis.

In den Dreiecken ABC und DEF (Fig. 31.) sei AB = DE, BC = EF, aber AC größer als DF; so ist auch Winkel ABC größer als DEF.

Gesetzt ABC wäre gleich DEF; so wäre auch AC = DF (SWS). Gesetzt ABC wäre kleiner als DEF; so wäre auch AC kleiner als DF (IV. 19.). Da beides gegen die Voraussetzung ist; so muß ABC > DEF sein.

§. 21. Lehrsatz.

Wenn eine Seite und ein anliegender Winkel in einem Dreiecke einer Seite und einem anliegenden Winkel in einem anderen Dreiecke gleich, die anderen anliegenden Winkel aber ungleich sind, so ist die Gegenseite dieses ungleichen anliegenden Winkels in demjenigen Dreiecke größer, wo dieser Winkel größer ist.

Beweis.

In den Dreiecken ACB und DEF (Fig. 32.) sei AC = DE, Winkel ACB = DEF, aber Winkel CAB > FDE. Man soll zeigen, daß auch CB > FE ist.

Man lege an CA in A einen Winkel an, dessen Winkelblatt auf das Dreieck fällt, der dem Winkel FDE gleich ist. Es sei CAG = FDE; so wird der neu gefundene Schenkel dieses Winkels AG die Linie CB durchschneiden. Dies geschehe in G. Nun ist Dreieck ACG ≅ FDE (WSW), also CG = FE. Da aber CB > CG; so ist auch CB > FE. Was zu beweisen war.

Anm. Die drei Sätze §. 19., §. 20., §. 21. enthalten Umkehrungen der drei Congruenzsätze §. 3., §. 4., §. 5. Es wird durch dieselben aus der Betrachtung nicht congruenter Dreiecke die Ungleichheit von Linien und Winkeln erwiesen, und zugleich dargethan, wo sich das Größere, wo sich das Kleinere findet. Diese Sätze werden nicht selten angewendet, wie auch die folgenden beiden der Congruenz, die den Schluß dieses Abschnittes bilden.

§. 22. Lehrsatz.

Vierter Lehrsatz der Congruenz.

Zwei Dreiecke sind congruent; wenn zwei Seiten des einen zweien Seiten des andern, einzeln verglichen, gleich sind, und die Gegenseite eines dieser Winkel in dem einen Dreieck so groß ist, wie die Gegenseite des gleichen Winkels in dem anderen.

Beweis.

In den Dreiecken ABC und DEF (Fig. 33.) sei Winkel CAB = FDE, Winkel ABC = DEF und Seite AC = DF. Man soll zeigen, daß die Dreiecke congruent sind.

Dies geschieht, wenn man zeigt, daß AB = DE ist. Wären diese Seiten ungleich; so müßte eine derselben die größere Linie sein, z. B. AB > DE. Dann schneide man von AB ein Stück AG = DE ab und ziehe die Gerade CG.

Nun ist AC = DF, AG = DE und Winkel GAC = EDF; also Dreieck ACG ≌ DFE (SWS); folglich auch Winkel AGC = DEF. Es ist aber Winkel DEF = ABC, nach der Voraussetzung; folglich ist auch Winkel AGC = ABC. Dies ist unmöglich, weil AGC, als Außenwinkel des Dreiecks CBG, größer als der innere Winkel CBG ist. Es ist also AB nicht ungleich mit DE; sondern AB = DE: dann ist aber AC = DF, AB = DE und Winkel BAC = EDF; also Dreieck ABC ≌ DEF (SWS). Was zu beweisen war.

Anm. 1. Wir nennen diesen Lehrsatz den Winkel-Winkel-Seiten-Satz und bezeichnen ihn der Kürze wegen durch WWS.

Anm. 2. Man faßt oft diesen WWS mit dem zweiten §. 4. bewiesenen WSW zusammen unter dem Ausdruck: zwei Dreiecke sind congruent, wenn in ihnen eine Seite und zwei Winkel gleicher Lage übereinstimmen.

§. 23. Lehrsatz.

Fünfter Lehrsatz der Congruenz.

Zwei Dreiecke sind congruent, wenn zwei Seiten des einen, einzeln verglichen, zweien Seiten des andern und außerdem die Winkel in beiden gleich sind, welche den größeren dieser Seiten gegenüber liegen.

Beweis.

Sind die Dreiecke ABC und DEF (Fig. 34.) so beschaffen, daß AB = DE und AC = DF, die Seite AB aber größer als AC, also auch DE größer als DF ist, und stimmt zugleich der Winkel ACB mit dem Winkel DFE überein, so sind die Dreiecke congruent.

Es muß nämlich die dritte Seite BC auch der dritten Seite EF gleich sein. Wäre dies nicht der Fall, so würde eine von beiden, z. B. BC, die größere sein. Dann könnte man von C aus auf CB ein mit FE gleiches Stück abschneiden, CG und die Gerade AG ziehen. Nun wäre das Dreieck ACG dem Dreieck DFE congruent (SWS), mithin auch Seite DE = AG. Es ist aber auch AB = DE. Es wäre also AB = AG. Nun ist aber AB der größere Schenkel des Winkels BAC, mithin auch größer als AG (IV, 17.), AG kann also nicht mit AB gleich sein, folglich kann BC nicht größer als EF sein. Eben so wenig ist EF größer als BC: mithin sind beide gleich und die Dreiecke congruent.

Anm. 1. Wäre der Winkel ACB kleiner als ABC, so würde gegen die Annahme, daß CB größer als EF ist, kein Widerspruch angeführt werden können. Deshalb sind Dreiecke nicht nothwendig congruent; wenn zwei Seiten und der Gegenwinkel der kleineren, einzeln verglichen, übereinstimmen.

Verlängert man z. B. (Fig. 35.) die Grundlinie DC eines beliebigen gleichschenkligen Dreiecks ADC bis B und zieht AB, so erhält man zwei Dreiecke ABD und ACB, in denen AB gemeinschaftlich, AD = AC ist und der Gegenwinkel dieser Seiten ABC = ABD. Beide Dreiecke sind keineswegs congruent. Es ist aber AC auch kleiner als AB.

Anm. 2. Wir nennen diesen Satz den Seiten-Seiten-Winkel-Satz und bezeichnen ihn durch (SsW), wobei das kleinere s neben dem größeren das Verhältniß der Größe beider auf einander folgenden Seiten andeutet.

Fünfter Abschnitt.

Von den Parallel-Linien.

§. 1. Erklärungen.

a) Zwei gerade Linien heißen **parallel**, wenn sie in derselben Ebene liegen und zu beiden Seiten, so weit man will, verlängert nie zusammentreffen.

b) Wenn zwei gerade Linien von einer dritten durchschnitten werden; so entstehen acht Winkel, von denen heißen:

1) **innere** diejenigen, welche an der durchschneidenden Linie **innerhalb** der durchschnittenen liegen;
2) **äußere** diejenigen, welche an der durchschneidenden Linie **außerhalb** der durchschnittenen liegen;
3) **Gegenwinkel** ein äußerer und ein innerer, welche an derselben Seite der durchschneidenden Linie, aber an verschiedenen durchschnittenen Linien liegen (die also nicht Nebenwinkel sind).
4) **Wechselwinkel** zwei innere, die an verschiedenen Seiten der durchschneidenden Linie und an verschiedenen durchschnittenen Linien liegen.

§. 2. Lehrsatz.

Wenn bei zweien, von einer dritten durchschnittenen, Linien die inneren Winkel auf einer Seite der schneidenden Linie zusammengenommen zwei rechte betragen; so ist dies auch auf der anderen Seite der Fall und die Gegenwinkel und Wechselwinkel sind überall gleich.

Beweis.

Die beiden Linien AB und CD (Fig. 36.) werden von der Linie EF in G und H so durchschnitten, daß die Winkel BGH und GHD zusammen so viel als zwei rechte betragen. Es soll bewiesen werden:

1) daß auch AGH und GHC zusammen zwei rechte betragen;

2) daß EGB = EHD, EGA = EHC, AGF = CHF, BGF = DHF;

3) daß BGH = GHC und AGH = GHD ist.

Da BGH mit AGH zwei rechte und ebenso GHD mit GHC zwei rechte betragen (III, 15.), so müssen die vier inneren Winkel zusammen vier rechte sein. Da nun zwei derselben, nämlich BGH und GHD zwei rechte betragen, so müssen auch die anderen AGH und GHC so viel betragen.

Da ferner BGH mit GHD nach der Annahme, aber auch mit EGB, als Nebenwinkel, zwei rechte beträgt, so muß GHD = EGB sein. Auf dieselbe Weise läßt sich dies für die übrigen Paare von Gegenwinkeln zeigen.

Da nun aber GHD = EGB und auch AGH = EGB (III, 13.); so ist auch GHD = AGH. Ebenso läßt sich auch die Gleichheit des anderen Paares der Wechselwinkel beweisen.

§. 3. Lehrsatz.

Wenn bei zweien, von einer dritten durchschnittenen, Linien zwei gleiche Wechselwinkel oder zwei gleiche Gegenwinkel vorhanden sind; so betragen die inneren Winkel auf einer Seite der schneidenden Linie zusammen zwei rechte und es sind also auch alle Gegenwinkel und alle Wechselwinkel einander gleich.

Beweis.

Wenn (Fig. 36.) AB und CD von EF in G und H durchschnitten werden und es ist AGH = GHD, so wird der Winkel BGH, welcher durch AGH zu zweien rechten ergänzt wird, auch durch GHD zu zweien rechten ergänzt (I, 3.); also sind

BGH und GHD zusammen zweien rechten gleich. Mithin sind auch alle Gegenwinkel und Wechselwinkel gleich (V, 2.).

Sind aber die Winkel EGB und GHD gleich, so ist auch GHD = AGH, weil AGH = EGB ist (I, 4). Es sind also die Wechselwinkel AGH und GHD gleich; daher betragen die innern auf jeder Seite zwei rechte und die Wechselwinkel und Gegenwinkel sind überall gleich.

§. 4. Lehrsatz.

Wenn zwei gerade Linien von einer dritten so durchschnitten werden, daß beide innere Winkel auf einer Seite der schneidenden Linie zusammengenommen zweien Rechten gleich sind; so sind die Linien parallel.

Beweis.

Die beiden Linien AB und CD (Fig. 36.) werden von EF so durchschnitten, daß Winkel BGH + GHD = 2 R. Es ist zu zeigen, daß AB und CD parallel sind.

Wären die Linien nicht parallel, so müßten sie gehörig verlängert, nach einer Seite hin zusammentreffen. Dies geschehe auf der Verlängerung von GB in K. Dadurch entstände ein Dreieck, in welchem die Winkel BGH und GHD kleiner als zwei rechte sind (IV, 13. Zusatz). Dies ist gegen die Voraussetzung, nach welcher beide zusammen zweien rechten gleich sind. Die Linien können sich also nicht treffen. Es ist also AB parallel mit CD. Was zu beweisen war.

Aus Berücksichtigung des im vorigen Satze gezeigten Zusammenhanges der Winkel ergiebt sich leicht folgender

Zusatz

Zwei gerade Linien werden also auch parallel sein; wenn sie mit einer dritten durchschneidenden gleiche Gegenwinkel oder gleiche Wechselwinkel bilden (V. 3.).

§. 5. Grundsätzlicher Lehrsatz.

Zwei Linien, die mit einer durchschneidenden auf einer Seite innere Winkel bilden, die zusammen kleiner als zwei rechte sind, treffen sich gehörig verlängert auf dieser Seite.

Anm. Dieser Satz ist die Umkehrung des vorigen Lehrsatzes §. 4. Wie sich aber jener sehr leicht beweisen ließ, so ist dieser aus den bisher vorgetragenen Grundsätzen und Lehrsätzen nicht streng zu beweisen. Nichtsdestoweniger ist er für die Parallelentheorie von großer Wichtigkeit. Euklides, der scharfsinnige Ordner der geometrischen Elemente, hat ihn daher geradezu als Grundsatz aufgestellt, d. h. er hat verlangt, daß dieser Satz ohne Beweis zugestanden werde. Da aber die Stellung desselben im System und sein Zusammenhang mit dem vorigen Lehrsatze ihn auch als Lehrsatz erscheinen lassen; so sind viele Mathematiker bemüht gewesen, Beweise für ihn aufzufinden. Die einfachste Beweisführung soll hier mitgetheilt werden.

Wir wollen den unbegrenzten ebenen Raum, der von zwei Linien, die von einer dritten unter innern Winkeln geschnitten werden, deren Summe zweien rechten gleich ist, und von dieser dritten Linie selbst begrenzt ist, einen Parallelstreifen nennen, und zunächst beweisen, daß jedes beliebige Winkelblatt größer ist als jeder beliebige Parallelstreifen.

Bei dem Beweise haben wir drei Fälle zu unterscheiden. 1) der Winkel des Winkelblattes ist entweder einem inneren Winkel des Parallelstreifens gleich, oder 2) er ist größer, oder 3) er ist kleiner.

Es sei (Fig. 37.) ABC ein Winkelblatt und DEFG ein Parallelstreifen, und der Winkel ABC dem Winkel DEF gleich. Man soll zeigen, daß das Winkelblatt ABC größer als der Parallelstreifen DEFG ist.

Man verlängere EF über F hinaus z. B. bis H und darüber fort; so ist das Winkelblatt ABC dem Winkelblatte DEH gleich, und der Parallelstreifen DEFG offenbar kleiner als das Winkelblatt DEH, wie weit man auch die Linien ED, FG und EH verlängern möge: also ist der Parallelstreifen DEFG auch kleiner als das Winkelblatt ABC.

Im zweiten Falle sei der Winkel des Winkelblattes KLM größer als der innere Winkel DEF des Parallelstreifens DEFG.

Man lege dann an LM in L, nach der Seite des Winkelblattes zu, einen Winkel MLN an, der dem Winkel DEF gleich ist; so ist das Winkelblatt NLM, wie so eben gezeigt ist, größer als der Parallelstreifen DEFG. Da aber das Winkelblatt KLM größer ist als NLM; so ist es auch größer als DEFG.

Ist endlich der Winkel PQR kleiner als DEF; so soll auch das Winkelblatt PQR größer als der Streifen EDFG sein.

Man lege an QP in Q einen Winkel PQS an, der dem Winkel PQR gleich ist, eben so lege man an QS in Q den Winkel TQS der dem Winkel PQR gleich ist, ferner an QT in Q den Winkel UQT dem Winkel PQR gleich, an QU den Winkel VQU, gleich PQR, und fahre so fort, bis so viel gleiche Winkel mit dem gemeinschaftlichen Scheitelpunkt Q an einander gefügt worden, daß alle zusammen größer als der Winkel DEF sind. (Es ist aber klar, daß durch Vervielfältigung jeder Größe ein Vielfaches gebildet werden kann, das größer ist als eine andere gleichartige Größe.)

Gesetzt nun, es sei auf diese Art durch fünfmalige Aneinanderlegung des

Winkels PQR ein Winkel VQR entstanden, der größer als DEF ist; dann kann man die Linie EF auf ihre Verlängerung über F hinaus, noch viermal abtragen; so daß FW = EF, WX = EF, XY = EF und YZ = EF wird, und an die Theilungspunkte die Linien Wa, Xb, Yc, Zd so anlegen, daß Winkel aWH = DEF, bXH = DEF, cYH = DEF und dZH = DEF wird. Es sind dann die Linien Wa, Xb, Yc, Zd alle unter sich und mit ED und FE parallel. Wir haben 5 Parallelstreifen DEFG, GFWa, aWXb, bXYc, cYZd, die einzeln zur Dekkung gebracht werden können, also einander gleich sind. Legt man z. B. EF auf WX, so fällt wegen Gleichheit der Winkel DEF und aWX, auch ED auf Wa und eben so wegen Gleichheit der Winkel GFE und bXW, fällt FG auf Xb. Die Grenzen der Streifen fallen also ineinander: mithin sind diese Parallelstreifen einander gleich. In derselben Weise läßt sich die Gleichheit aller übrigen mit DEFG beweisen. Alle 5 bilden aber den einen Parallelstreifen DEZd, der offenbar kleiner ist als das Winkelblatt DEH, mithin ist er auch kleiner als das Winkelblatt VQR, welches größer als DEH ist. Es muß also auch der fünfte Theil des Parallelstreifens DEZd kleiner sein als der fünfte Theil des Winkelblatts VQR, d. h. DEFG < PQR. Was zu beweisen war.

Nach Einsicht dieses Hülfssatzes ist der Beweis des oben aufgestellten Lehrsatzes nicht schwierig.

Es seien (Fig. 38.) die Geraden AB und CD gegeben, so von FG durchschnitten, daß Winkel AFG + FGC < 2R sind. Man verlängere die Gerade FG über G hinaus bis H und lege an GH in G nach derselben Seite hin, wo AF und CG liegen, den Winkel KGH, der dem Winkel AFG gleich ist. Dann sind für die Linien AB und KG und die Durchschnittslinie FH gleiche Gegenwinkel AFG und KGH vorhanden; die innern Winkel AFG und FGK betragen also zusammen zwei Rechte, also mehr als die gegebenen innern Winkel AFG und FGC. Es ist also KGF > CGF und die Linie GC fällt zwischen KG und GF.

Da aber Winkel AFG + KGF = 2R, so ist AFGK ein Parallelstreifen, der jedenfalls kleiner ist als das Winkelblatt CGK. Wenn aber die Linie GC niemals die Linie AB durchschnitte; so könnte das Winkelblatt CGK nicht größer sein als der Parallelstreifen AFGK. Es muß also GC gehörig verlängert die Linie FA durchschneiden. Was zu beweisen war.

§. 6. Lehrsatz.

Wenn zwei Parallel-Linien von einer geraden Linie durchschnitten werden, so betragen 1) die inneren Winkel auf jeder Seite der schneidenden Linie zwei rechte und 2) die Gegenwinkel, und 3) die Wechselwinkel sind überall gleich.

Beweis.

Die Linien AB und CD (Fig. 36.) seien parallel und werden durchschnitten von einer Linie EF in den Punkten G und H, so werden die inneren Winkel AGH und GHC zusammen zwei rechte ausmachen.

Wären sie kleiner, so schnitten sich die Linien über A und C verlängert, wären sie größer so wären die Winkel BGH und DHG zusammen kleiner als zwei rechte und die Linien schnitten sich über B und D verlängert.

In beiden Fällen wären die Linien nicht parallel. Wenn sie also parallel sind, so können die inneren Winkel zusammen nicht kleiner oder größer als zwei rechte sein, d. h. sie müssen zweien rechten gleich sein.

Wenn aber die inneren Winkel sich zu zweien rechten ergänzen; so sind auch die Gegenwinkel und Wechselwinkel überall gleich (V, 2.). Es ergiebt sich daraus unmittelbar der

Zusatz.

Gerade Linien, welche auf einer und derselben geraden Linie winkelrecht stehen, sind parallel.

§. 7. Aufgabe.

Durch einen Punkt außerhalb einer gegebenen geraden Linie eine Linie zu ziehen, welche der gegebenen parallel ist.

Auflösung.

Es sei (Fig. 39.) die Linie AB und außerhalb derselben der Punkt C gegeben. Man soll durch C eine Linie ziehen, welche der gegebenen AB parallel ist.

Man nehme auf AB einen beliebigen Punkt D an, ziehe die Gerade CD und lege an CD in C einen Winkel DCF = CDA, so daß DCF Wechselwinkel zu CDA wird; dann ist CF parallel mit AB.

Beweis.

Da FC und AD von CD durchschnitten, gleiche Wechselwinkel FCD und CDA haben, so betragen auch die inneren Winkel FCD + CDB zwei rechte (V, 3). Es ist also CF parallel mit AB. Was zu beweisen war.

Wenn von C aus irgend eine andere gerade Linie gezogen wird, so bildet diese entweder einen kleineren Winkel mit CD oder einen größeren, im ersteren Falle sind die inneren Winkel auf der Seite, wo CF und DB liegen, kleiner als zwei rechte, und die gezogene Linie durchschneidet sich nach dieser Seite hin mit AB; im zweiten Falle sind die inneren Winkel auf dieser Seite größer als zwei rechte; dann sind sie auf der anderen Seite kleiner, und die gezogene Linie schneidet sich mit AB nach der Seite hin, wo A liegt. Da sich also in jedem Falle eine Linie, die von CF verschieden ist, mit AB schneidet, so ergiebt sich der

Zusatz.

Durch einen Punkt außerhalb einer geraden Linie, kann nur eine Linie mit derselben parallel gezogen werden.

§. 8. Lehrsatz.

Zwei Linien, die mit einer dritten parallel sind, sind unter sich parallel.

Beweis.

Die Linien AB, CD (Fig. 40.) seien mit EF parallel. Es soll AB parallel mit CD sein. Wäre AB nicht parallel mit CD; so träfen sich diese Linien in einem Punkte, und es wären dann durch diesen Punkt zwei Linien gelegt, die mit EF parallel sind. Dies ist unmöglich (V, 7. Zusatz). Folglich kann sich AB auch nicht mit CD schneiden, d. h. AB ist parallel mit CD. Was zu beweisen war.

§. 9. Aufgabe.

Von einem Punkt außerhalb einer Linie eine schräge Linie auf dieselbe zu fällen, die einen vorgeschriebenen Winkel bildet.

Auflösung.

Es sei (Fig. 41.) die Linie AB und außer ihr der Punkt C gegeben. Es soll von C gegen AB eine schräge Linie gelegt werden, die mit AB den Winkel DEF bildet. Man nehme auf AB einen Punkt G an, lege an GB in G den Winkel BGH = DEF (IV, 7.) und ziehe aus C mit HG die Linie CK parallel, welche AB durchschneiden muß (V, 7. Zusatz). Dies geschehe in K; so ist CKB = DEF.

Beweis.

Es ist CKB als Gegenwinkel gleich HGB und HGB = DEF; also auch CKB = DEF.

§. 10. Lehrsatz.

Jeder Außenwinkel eines Dreiecks ist seinem inneren Wechselwinkel und Gegenwinkel zusammengenommen gleich.

Beweis.

Es sei (Fig. 42.) das Dreieck ABC gegeben, dessen Seite BC über C hinaus bis D verlängert ist, so daß der Außenwinkel ACD entsteht. Es soll bewiesen werden, daß der Winkel ACD so groß ist, wie die Winkel CAB und ABC zusammengenommen.

Zieht man aus C die Linie CE parallel mit BA; so wird der Außenwinkel in zwei Winkel ACE und ECD zerlegt, wovon der eine ECD dem Gegenwinkel ABC und der andere ACE dem Wechselwinkel BAC gleich ist. Es ist daher Winkel DCE + ECA = ABC + BAC (I, 6.) d. h. ACD = ABC + BAC. Was zu beweisen war.

Da ACD + ACB = 2 R sind (III, 15.); so ist auch Winkel ABC + BAC + ACB = 2 R. Dies ergiebt den

Zusatz.

Die drei Winkel eines Dreiecks betragen zusammen so viel als zwei Rechte.

§. 11. Lehrsatz.

Parallellinien, die von Parallellinien begrenzt werden, sind gleich lang.

Beweis.

Die Linien AB und CD (Fig. 43.) seien parallel und werden begrenzt durch die Parallellinien EF und GH. Es soll AB = CD sein.

Man ziehe die Linie BC; so entstehen die Dreiecke ABC und BCD. In diesen ist Winkel ABC = BCD als Wechselwinkel der Parallelen AB und CD und der schneidenden Geraden BC. Ferner ist BC = BC, endlich Winkel ACB = CBD als Wechselwinkel der Parallelen EF und GH und der schneidenden CB. Es ist also Dreieck BAC congruent mit BDC (WSW) und daher AB = CD. W. z. b. w.

Da nun zwei Linien, die auf einer dritten winkelrecht stehen, nach (V, 6. Zus.) parallel sind; so werden jede zwei Perpendikel zwischen zwei Parallelen einander gleich sein, und da die Perpendikel zugleich (IV, 18.) den kürzesten Abstand der Punkte von geraden Linien angeben; so ergiebt sich aus dem hier Bewiesenen auch der

Zusatz.

Parallellinien haben überall gleichen Abstand.

Anm. Parallellinien sind demnach gerade Linien in derselben Ebene, die 1) nie zusammentreffen, 2) gegen jede durchschneidende gleich gerichtet, 3) überall gleich weit von einander entfernt sind.

§. 12. Lehrsatz.

Wenn auf einem Schenkel eines Winkels vom Scheitelpunkte aus hintereinander gleiche Stücke abgeschnitten und von den Theilpunkten aus Parallallinien gezogen sind, die den andern Schenkel durchschneiden; so schneiden diese auch auf dem andern Schenkel gleiche Stücke ab, und jede Parallele ist um die Länge der ersten größer als die nächste dem Scheitelpunkte nähere.

Beweis.

Auf dem Schenkel AB (Fig. 44.) des Winkels BAC liegen von A aus die gleichen Stücke AD, DE, EF, FG, und aus den Theilungspunkten gehen nach dem anderen Schenkel hin die Parallellinien DH, EK, FL, GM. Man soll beweisen 1) daß die dadurch abgeschnittenen Stücke des andern Schenkels AH, HK, KL, LM einander gleich sind, 2) daß EK um DH größer als DH, FL um DH größer als EK, GM um DH größer als FL ist u. s. w.

Man ziehe aus den Theilungspunkten D, E und F Linien parallel mit AC jedesmal bis zur nächsten Parallele, also die Linien DN, EO, FP; so ist ED=DA und Winkel EDN = DAH, DEN = ADH. Daher ist △ DHA ≅ DEN (WSW). Mithin ist DN = AH und EN = DH. Auf dieselbe Art läßt sich zeigen, daß EO = AH, FO = DH, ferner FP = AH und GP = EH ist. Da nun AH=DN und auch HK = DN ist (V, 11.); so ist AH = HK. Auf dieselbe Weise läßt sich zeigen, daß KL = AH, und LM = AH ist. Demnach sind die auf AC durch die Parallelen DH, EK, FL, GM abgeschnittenen Stücke einander gleich.

Indem ferner KE = KN + NE, aber KN = DH und NE = DH ist; so ist KE = DH + DH d. h. die zweite Parallele KN ist um DH größer als die erste DH; indem ferner FL = LO + OF, aber LO = KE und OF = DH; so ist auch FL = KE + DH d. h. die dritte Parallele ist um die erste größer als die zweite. Auf dieselbe Weise findet man, daß MG = LF + HD u. s. w.

§. 13. Aufgabe.

Eine gegebene begrenzte gerade Linie in eine beliebig gegebene Anzahl gleicher Theile zu theilen.

Auflösung.

Es sei (Fig. 45.) die begrenzte gerade Linie AB in 5 gleiche Theile zu theilen. Man lege an AB in A einen beliebigen Winkel CAB an und trage von A aus auf den Schenkel AC ein beliebig angenommenes Stück AD fünfmal hintereinander ab, so daß also die Linien AD, DE, EF, FG, GH einander gleich werden. Aus dem letzten Theilpunkte H ziehe man nach B die gerade Linie HB und mit dieser aus den übrigen Theilpunkten die Parallelen GK, FL, EM und DN; so wird dadurch die Linie AB in 5 gleiche Theile AN, NM, ML, LK, KB getheilt.

Beweis.

Da auf den einen Schenkel des Winkels CAD vom Scheitelpunkte aus gleiche Stücke aufgetragen und von den Theilpunkten Parallelen nach dem andern Schenkel gezogen sind; so schneiden diese auch gleiche Stücke von dem andern Schenkel ab, also sind die Linien AN, NM, ML, LK, KB einander gleich und AB ist in 5 gleiche Theile getheilt.

Anm. Man sieht leicht ein, daß die von irgend einem Theilpunkte des einen Schenkels gezogene Parallele, den ebensovielten Theilpunkt des anderen Schenkels treffen muß.

Sechster Abschnitt.

Von den Parallelogrammen und Trapezen.

§. 1. Erklärung.

Eine von vier Seiten eingeschlossene geradlinige Figur wird **Viereck** genannt. Eine gerade Linie, welche zwei Winkelspitzen verbindet ohne eine Seite der Figur zu sein, heißt **Diagonale**. Ein Viereck, dessen Gegenseiten parallel sind, heißt ein **Parallelogramm** und zwar ein **gleichseitiges**, wenn zwei an einanderstoßende Seiten gleich sind, ein **ungleichseitiges**, wenn dies nicht der Fall ist; ein **rechtwinkliges**; wenn zwei zusammenstoßende Seiten einen rechten Winkel bilden, ein **schiefwinkliges**, wenn dies nicht der Fall ist. Ein gleichseitiges rechtwinkliges Parallelogramm wird

Quadrat genannt, ein ungleichseitiges rechtwinkliges heißt Rechteck (Oblongum), ein gleichseitiges schiefwinkliges Rhombus und ein ungleichseitiges schiefwinkliges Rhomboïd. Ein Viereck das zwei parallele und zwei nicht parallele Gegenseiten hat, heißt Trapez.

Anm. Man kann die Parallelogramme wie die Vierecke überhaupt benennen, indem man an den Winkelspitzen Buchstaben schreibt und diese der Reihe nach angiebt. Es genügt aber auch, nur zwei Buchstaben anzugeben, welche an den Spitzen zweier Gegenwinkel stehen.

§. 2. Lehrsatz.

Jedes Parallelogramm wird durch jede Diagonale in zwei congruente Dreiecke getheilt.

Der Beweis dieses Satzes ergiebt sich an Fig. 46, wo im Parallelogramm ABCD die Diagonale AC gezogen ist, und nun die Congruenz der Dreiecke ABC und ACD gezeigt werden soll, ganz eben so wie im vorigen Abschnitte §. 11 an Fig. 43 die Congruenz von ACB und CBD bewiesen wurde, und man folgert aus diesem Beweise auch leicht den

Zusatz.

In jedem Parallelogramm sind die Gegenseiten und die Gegenwinkel einander gleich.

§. 3. Lehrsatz.

Wenn in einem Viereck zwei Gegenseiten gleich und parallel sind; so ist die Figur ein Parallelogramm.

Beweis.

In dem Viereck ABCD (Fig. 46.) sei Seite AB mit CD gleich und parallel; so soll die Figur ein Parallelogramm sein. Man ziehe die Diagonale AC; so sind die Dreiecke ABC und ACD congruent (SWS), da AB = DC, AC = AC und Winkel BAC = ACD (V, 6.). Daher ist auch Winkel CAD = ACB; also AD parallel mit BC (V, 4. Zus.).

§. 4. Lehrsatz.

Ein Viereck, worin jede zwei Gegenseiten gleich sind, ist ein Parallelogramm.

Beweis.

In dem Viereck ABCD (Fig. 46.) sei Seite AB=CD und Seite AD=BC; so soll die Figur ein Parallelogramm sein. Zieht man die Diagonale AC; so ist AC = AC, AB = DC und AD = BC, mithin Dreieck ADC ≅ ABC (SSS); also auch Winkel BAC = ACD; folglich AB parallel mit DC (V, 4. Zus.) und da AB auch gleich mit DC ist; so ist Viereck ABCD ein Parallelogramm (VI, 3.).

§. 5. Lehrsatz.

Wenn in einem Parallelogramm zwei anstoßende Seiten gleich sind, so sind alle gleich und wenn ein Winkel ein rechter ist, so sind alle rechte.

Beweis.

In dem Parallelogramm ABCD (Fig. 47.) sei AB = BC; so ist auch AD = BC (VI, 2. Zus.) und DC = AB = BC; mithin sind alle vier Seiten einander gleich. Ist ferner der Winkel ABC = R; so ist auch BCD = R; ferner ist auch ADC = R und DAB = R (VI, 2. Zus.).

§. 6. Aufgabe.

Ein Parallelogramm zu construiren, das einen gegebenen Winkel hat, dessen einschließende Seiten von bestimmter Größe sind.

Auflösung.

Es seien (Fig. 48.) nebst dem Winkel bei A die beiden Linien BC und DE gegeben. Man soll ein Parallelogramm construiren, welches diesen Winkel hat, und in dem die diesen Winkel einschließenden Seiten einzeln den Linien BC und DE gleich sind.

Man legt an einen beliebigen Punkt in der Ebene, an F, eine Gerade FG und schneidet von derselben ein Stück FH = BC ab, dann legt man an FH in F den Winkel KFH = A an und schneidet von FK ein Stück FL = DE ab. Aus L zieht man eine Parallele mit FG, dies sei LM und aus H eine Parallele mit FL, HN, welche die Linie LM schneiden muß (V, 7. Zus.), da HF und HN nicht zugleich mit KM parallel sind. Dies geschehe in N; so ist FLNH das verlangte Parallelogramm.

Beweis.

Daß die Figur ein Parallelogramm ist, folgt aus der Construktion (VI, 1.) und da FL = DE, FH = BC, Winkel F = A; so ist sie auch ein Parallelogramm, das die verlangten Eigenschaften hat. Da durch L nur eine Linie mit FH parallel gelegt werden kann, eben so aus H nur eine mit FL parallel; so lassen sich aus den gegebenen Bestimmungsstücken nicht verschiedene Parallelogramme zeichnen. Es folgt hieraus der

Zusatz.

Ein Parallelogramm ist der Gestalt und Größe nach genau bestimmt; wenn ein Winkel desselben und die denselben einschließenden Seiten bestimmt sind. Es ist daher jedes Quadrat genau bestimmt; so daß es gezeichnet werden kann, wenn nur eine Seite desselben gegeben ist; jedes Rechteck, wenn zwei anstoßende Seiten gegeben sind; jeder Rhombus, wenn eine Seite und ein anliegender Winkel gegeben sind.

Wenn nämlich bei einem Quadrate eine Seite gegeben ist; so ist die anstoßende auch gegeben, weil sie jener gleich ist und der eingeschlossene Winkel ist auch gegeben; weil er ein rechter ist. Bei einem Rechteck ist der von den gegebenen ungleichen Seiten eingeschlossene Winkel auch gegeben; weil er ein rechter ist. Bei einem Rhombus ist die mit der gegebenen zusammenstoßende Seite ebenfalls mit gegeben; weil sie jener gleich ist. Hieraus ist ersichtlich, daß durch die in diesem Zusatz bezeichneten Größen die in Rede stehenden Figuren vollkommen sowohl der Größe als auch der Gestalt nach bestimmt sind.

Anm. 1. Weil ein Rechteck zwischen zwei bestimmten Linien eine genau bestimmte Größe ist; so hat man für dasselbe eine besondere Bezeichnung eingeführt, indem man das Rechteck zwischen den Linien AB und CD andeutet durch $AB \times CD$, oder durch $AB.CD$.

Anm. 2. Jedes Quadrat kann angesehen werden als ein Rechteck, dessen beide Seiten einander gleich sind. Folglich kann das über einer Linie AB errichtete Quadrat bezeichnet werden durch $AB.AB$; wofür abkürzungsweise auch das Zeichen AB^2 gebraucht wird.

§. 7. Erklärung.

Jede Seite eines Dreiecks oder eines Parallelogramms und jede der parallelen Seiten eines Trapezes kann als Grundlinie der Figur betrachtet werden. Im Dreiecke heißt die der Grundlinie gegenüberliegende Winkelspitze überhaupt die Spitze des Dreiecks und die von dieser Spitze bis auf die Grundlinie oder deren Verlängerung gefällte senkrechte Linie die Höhe des

Dreiecks. Im Parallelogramm und im Trapez ist die Höhe ein Perpendikel, welches von einem beliebigen Punkte der Gegenseite der Grundlinie auf diese oder deren Verlängerung gefällt wird. Dreiecke, Trapeze und Parallelogramme liegen zwischen zwei Parallelen, wenn ihre Grundlinien in die eine dieser Parallelen und bei Dreiecken die Spitzen, bei Parallelogrammen und Trapezen die Gegenseiten der Grundlinien in die andere Parallele fallen.

Anm. In Quadraten und Rechtecken fallen die Höhen mit den anstoßenden Seiten der Grundlinie zusammen. Aehnliches findet bei rechtwinkligen Dreiecken Statt. Wenn eine an dem rechten Winkel anliegende Seite als Grundlinie angenommen wird, so ist die andere die Höhe.

§ 8. Lehrsatz.

Dreiecke oder Parallelogramme oder Trapeze zwischen denselben Parallelen haben jederzeit gleiche Höhe und Parallelogramme, Trapeze oder Dreiecke von gleicher Höhe können immer als zwischen denselben Parallelen liegend gedacht werden, wenn sie auch jede andere beliebige Lage haben.

Es ist dies eine unmittelbare Folgerung aus (V, 11. Zus.), wo gezeigt worden, daß Perpendikel zwischen denselben Parallelen überall gleich sind. Diese Perpendikel werden aber die Höhen; sobald die Grundlinien in die dazu gehörigen Parallelen fallen.

§. 9. Lehrsatz.

Jedes Parallelogramm ist so groß wie ein Rechteck das mit ihm gleiche Grundlinie und Höhe hat.

Beweis.

Es sei (Fig. 49.) das Parallelogramm ABCD mit der Grundlinie AB und der auf die Verlängerung der Grundlinie fallenden Höhe CE gegeben. Man soll zeigen, daß der Flächeninhalt dieser Figur mit dem Flächeninhalt eines Rechtecks, das mit ihr gleiche Grundlinie und Höhe hat, übereinstimmt.

Man verlängere zu dem Ende DC über C hinaus, so daß $CF = DC = AB$ wird, eben so verlängere man AE über E hinaus; so daß die Verlängerung $EG = AB = DC = CF$ wird und ziehe FG, dann ist die Figur CFGE ein Rechteck, welches die Grundlinie $EG = AB$ und die Höhe CE hat.

Es läßt sich nun leicht zeigen, daß das Trapez AECD dem Trapez BGFC congruent ist. Denn AD = BC, DC = CF, CE = FG und Winkel ADC = BCF, DCE = CFG; folglich ist, da die Grenzen beider Figuren genau auf einander passen, ADCE congruent mit BCFG. Nimmt man nun von dem Trapez ADCE das Dreieck BCE hinweg, so bleibt das Parallelogramm DB: nimmt man von dem Trapez BCFG dasselbe Dreieck BCE hinweg; so bleibt das Rechteck EF. Es ist also das Parallelogramm ABCD dem Rechteck CFGE gleich (I, 8.).

§. 10. Lehrsatz.

Zwei Parallelogramme von gleicher Grundlinie und Höhe sind einander gleich.

Beweis.

Es seien (Fig. 50.) die Parallelogramme ABCD und EFGH gegeben, welche die gleichen Grundlinien AB und EF haben und deren Höhen CK, HL ebenfalls einander gleich sind. Es sollen auch die Flächen der beiden Parallelogramme BD und EG einander gleich sein.

Man errichte über einer Linie MN, die gleich gemacht ist mit AB, ein Rechteck, das eine Seitenlinie NO hat, die so groß als CK ist. Dies sei das Rechteck MNOP; so ist dieses an Flächeninhalt dem Parallelogramm AC gleich; weil AB = MN und NO = CK (VI, 9.). Es ist aber dasselbe Rechteck MNOP aus demselben Grunde auch dem Parallelogramm EG gleich, weil MN = EF und NO = HL ist. Mithin ist das Parallelogramm AC an Flächeninhalt dem Parallelogramm EG gleich.

§. 11. Lehrsatz.

Ein Dreieck ist die Hälfte eines Parallelogramms, das mit ihm gleiche Grundlinie und Höhe hat. Daher sind auch Dreiecke flächengleich; wenn sie gleiche Grundlinien und gleiche Höhen haben.

Beweis.

Es sei (Fig. 51.) das Dreieck ABC und das Parallelogramm DEFG gegeben; die Grundlinie des Dreiecks, AB, sei der Grundlinie des Parallelogramms, DE, gleich; eben so die Höhe des Dreiecks, CH, der Höhe des Parallelogramms, FK. Es soll das Dreieck ABC die Hälfte des Parallelogramms DEFG sein.

Man vollende das Parallelogramm AL zwischen den Seiten CA und AB mit dem Winkel A (VI, 6.); so ist das Dreieck ACB die Hälfte des Parallelogramms AL (VI, 2.). Es ist aber das Parallelogramm AL mit dem Parallelogramm GE flächengleich (VI, 10.), folglich ist auch das Dreieck ABC die Hälfte des Parallelogramms GE, welches mit dem Dreieck gleiche Grundlinie und gleiche Höhe hat.

Wenn demnach zwei Dreiecke gleiche Grundlinien und gleiche Höhen haben; so ist jedes die Hälfte eines Parallelogramms, das die Grundlinie jedes der Dreiecke zur Grundlinie und die Höhe jedes derselben zur Höhe hat. Beide Dreiecke sind also als Hälften gleicher Größen einander gleich (I, 14.).

§. 12. Lehrsatz.

Ein Dreieck ist so groß wie ein Parallelogramm, das bei gleicher Grundlinie die halbe Höhe, oder bei gleicher Höhe die halbe Grundlinie des Dreiecks hat.

Beweis.

Jedes Dreieck, das (Fig. 52.) die Höhe AB und die Grundlinie AC hat, muß mit dem bei A rechtwinkligen Dreieck ABC flächengleich sein (VI, 11.). Halbirt man nun die Höhe AB in D (IV, 9.) und construirt das Rechteck zwischen DA und AC, nämlich DECA; so wird BC von DE in F geschnitten.

Da nun BD = DA, nach der Construktion, und DA = CE (VI, 2. Zus.); da ferner Winkel BDF = FEC (V, 6.) und BFD = EFC; so ist das Dreieck BDF congruent mit FEC; also auch flächengleich. Es ist demnach das Trapez DFCA mit dem Dreieck BDF zusammen so groß wie DFCA + FEC (I, 6.). Da nun DFCA + BDF = ABC und DFCA + FEC = DECA ist; so ist auch das Dreieck ABC dem Rechteck AE gleich, das mit ihm dieselbe Grundlinie AC aber nur die halbe Höhe AD hat. Jedes Parallelogramm aber, das die Grundlinie AC und die Höhe AD hat, ist dem Rechteck AE gleich; mithin ist jedes Dreieck jedem Parallelogramm flächengleich, das dieselbe Grundlinie und die halbe Höhe hat.

Da nun ferner auch jedes Dreieck, das die Grundlinie AB und die Höhe AC hat, dem Dreieck BAC gleich ist (VI, 11.), und da BAC = AE, und AE jedem Parallologramm flächengleich ist, das mit ihm die Grundlinie DA und die Höhe AC gemein hat; so ist auch jedes Dreieck jedem Parallelogramm gleich, das bei gleicher Höhe (AC) nur die halbe Grundlinie (AD = $\frac{1}{2}$AB) des Dreiecks hat.

§. 13. Lehrsatz.

Wenn zwei Parallelogramme oder Dreiecke gleiche Grundlinie aber ungleiche Höhe haben; so ist dasjenige größer, welches die größere Höhe hat; und wenn zwei Parallelogramme

oder Dreiecke gleiche Höhe aber ungleiche Grundlinie haben; so ist dasjenige größer, welches die größere Grundlinie hat.

Beweis.

Jedes Parallelogramm, das (Fig. 53.) die Grundlinie AB und die Höhe AC hat, ist dem zwischen CA und AB an dem rechten Winkel bei A vollendeten Rechteck CDBA gleich. Jedes andere Parallelogramm, das dieselbe Grundlinie, aber eine verschiedene Höhe AE hat, wird also dem zwischen EA und AB vollendeten Rechteck EFBA gleich sein.

Da nun das Rechteck AD mit der größern Höhe AC offenbar größer ist als das Rechteck AF mit der kleinern Höhe AE; so ist auch jedes Parallelogramm, welches die Grundlinie AB und die größere Höhe AC hat, größer als jedes Parallelogramm, das dieselbe Grundlinie AB aber die kleinere Höhe AE hat.

Auf dieselbe Weise ergiebt sich, daß von zwei Parallelogrammen, welche die gleiche Höhe AB haben, dasjenige, welches die größere Grundlinie AC hat, größer sein muß als dasjenige, welches die kleinere Grundlinie AE hat.

Da nun Dreiecke die Hälften sind von den Parallelogrammen, welche mit ihnen gleiche Grundlinie und gleiche Höhe haben; so wird auch von zwei Dreiecken gleicher Grundlinie dasjenige größer sein, welches die größere Höhe hat, und von zwei Dreiecken gleicher Höhe dasjenige, welches die größere Grundlinie hat.

§. 14. Lehrsatz.

Flächengleiche Parallelogramme oder Dreiecke von gleicher Grundlinie haben gleiche Höhe und flächengleiche Parallelogramme oder Dreiecke von gleicher Höhe haben gleiche Grundlinie.

Beweis.

Haben Parallelogramme oder Dreiecke von gleicher Grundlinie verschiedene Höhe; oder haben Parallelogramme oder Dreiecke von gleicher Höhe verschiedene Grundlinie, so können sie nach VI, 13. nicht flächengleich sein.

Anm. Aus dem Vorigen ergeben sich leicht die Bedingungen, unter welchen ein Parallelogramm oder Dreieck der Summe oder dem Unterschiede zweier mit ihm höhengleicher oder grundliniengleicher Parallelogramme oder Dreiecke gleich ist.

Da nämlich jedes Parallelogramm (Fig. 54.), das die Höhe AB und die Grundlinie AC hat, dem zwischen AB und AC vollendeten Rechtecke BDCA gleich ist; da ferner jedes Parallelogramm das dieselbe Höhe CD = AB und die Grundlinie CE hat, dem zwischen CD und CE vollendeten Rechtecke DFEC gleich ist;

so ist die Summe zweier Parallelogramme mit der gleichen Höhe BA von denen das eine die Grundlinie AC, das andere die Grundlinie CE hat, der Summe der beiden Rechtecke BC + CF gleich. Diese beiden Rechtecke bilden aber ein einziges. Da nämlich Winkel DCA = R und DCE = R; so ist DCA + DCE = 2R, mithin ACE eine gerade Linie (III, 16.). Eben so wird gezeigt, daß BDF eine gerade Linie ist. Da nun BF ‡ AE und BA ‡ CD, FE ‡ CD, also auch FE ‡ BA ist; da ferner BAE ein rechter Winkel ist; so ist BFEA ein Rechteck. Es sind demnach zwei Parallelogramme mit den gleichen Höhen BA und mit den Grundlinien AC und CE dem Rechtecke BE, mithin auch einem einzigen Parallelogramm gleich, das gleiche Höhe mit beiden, nämlich BA, und die Summen der Grundlinien, AC + CE = AE, zur Grundlinie hat.

Da nun Dreiecke die Hälften solcher Parallelogramme sind, die mit ihnen gleiche Grundlinien und Höhen haben; so wird sich derselbe Beweis auch auf Dreiecke anwenden lassen und zu der allgemeinen Folgerung führen:

1) Parallelogramme oder Dreiecke von gleicher Höhe sind zusammengenommen einem einzigen Parallelogramme oder Dreiecke gleich, das bei derselben Höhe eine Grundlinie hat, welche das Aggregat (die Summe) der gegebenen Grundlinien ist.

Bedenkt man ferner, daß man in den Rechtecken BC und DE, die Linien BA und DC auch als Grundlinien, und die Linien AC und CE als Höhen ansehen kann; so führt dieselbe Schlußfolge, bloß mit Vertauschung der Begriffe Grundlinie und Höhe, auf die Folgerung:

2) Parallelogramme oder Dreiecke von gleicher Grundlinie sind zusammengenommen einem einzigen Parallelogramme oder Dreiecke gleich, das bei derselben Grundlinie eine Höhe hat, welche das Aggregat der gegebenen Höhen ist.

Da endlich das Rechteck BC der Flächenunterschied ist zwischen BE und DE; so ergeben sich aus ähnlichen Betrachtungen wie vorhin, wenn man die Rechtecke mit Parallelogrammen vergleicht, die ihnen flächengleich sind, folgende Sätze:

3) Der Unterschied zweier Parallelogramme oder Dreiecke von gleicher Höhe ist einem Parallelogramme oder Dreiecke gleich, das dieselbe Höhe, zur Grundlinie aber den Unterschied der Grundlinien beider Parallelogramme oder Dreiecke hat.

4) Der Unterschied zweier Parallelogramme oder Dreiecke von gleichen Grundlinien ist einem Parallelogramme oder Dreiecke gleich, das dieselbe Grundlinie, zur Höhe aber eine Linie hat, die dem Unterschiede beider Höhen gleich ist.

§. 15. Lehrsatz.

Ein Trapez ist einem Dreiecke flächengleich, das mit ihm gleiche Höhe hat und dessen Grundlinie den beiden parallelen Gegenseiten desselben zusammengenommen gleich ist.

Beweis.

Zieht man (Fig. 55.) in dem Trapez ABCD mit den parallelen Seiten AB und CD die Höhe AE und die Diagonale AC; so haben die Dreiecke ABC und ADC die gleiche Höhe AE, aber die verschiedenen Grundlinien DC und AB, mithin sind beide zusammen einem Dreieck gleich, das die Höhe AE, aber die Grundlinie AB + DE hat. Die beiden Dreiecke ADC und ABC sind aber die Bestandtheile des Trapezes ABCD, mithin ist dieses auch dem beschriebenen Dreiecke gleich und der Satz erwiesen.

§. 16. Lehrsatz.

Zwei Trapeze sind flächengleich; wenn sie gleiche Höhe haben und beide Parallelseiten des einen zusammengenommen so groß sind, wie beide Parallelseiten des anderen zusammengenommen.

Construirt man nämlich ein Dreieck, daß beide Parallelseiten des einen Trapezes zusammengenommen zur Grundlinie und die Höhe des Trapezes zur Höhe hat; so wird dies Dreieck nach (VI, 15.) sowohl dem einen als auch dem anderen Trapeze gleich sein, daher diese unter sich gleich sind.

§. 17. Lehrsatz.

In einem Trapez sind die beiden Dreiecke flächengleich, die von den nicht parallelen Seiten und den anstoßenden Abschnitten beider Diagonalen gebildet werden.

Beweis.

In dem Trapez ABCD (Fig. 56.), worin AB parallel mit DC ist, schneiden sich die Diagonalen AC und DB in E. Es soll Dreieck DEA = CEB sein. Leicht erkenntlich ist DAB = CAB (VI, 11.). Es ist also auch

DAB — AEB = CAB — AEB (I, 8.); also DEA = CEB.

§. 18. Lehrsatz.

Wenn man durch einen Punkt einer Diagonale eines

Parallelogramms zwei Linien zieht, die den Seitenpaaren der Figur parallel sind; so entstehen vier Parallelogramme, von denen diejenigen zwei flächengleich sind, durch welche die Diagonale nicht geht.

Beweis.

Es sei (Fig. 57.) das Parallelogramm ABCD gegeben und auf der Diagonale AC sei ein Punkt E angenommen, durch welchen FG parallel mit AD, und HK parallel mit AB gezogen sind; so ist ersichtlich, daß die Figuren HF, EB, DE und GK Parallelogramme sind, weil die Linien FG, AD, BC und AB, HK DC, parallel sind, und die Gegenseiten dieser vier Figuren in diesen Linien enthalten sind. Es soll nun gezeigt werden, daß EB = ED.

Zuerst ist deutlich, das Dreieck ABC = ADC (VI, 2.). Aus demselben Grunde ist auch Dreieck AFE = AHE und EKC = EGC. Mithin wird, wenn man von dem Dreiecke ABC die beiden Dreiecke AFE und EKC hinwegnimmt, das zurückbleibende Parallelogramm BE dem Parallelogramme DE gleich sein, welches übrig bleibt, wenn man von dem Dreiecke ADC die Dreiecke AHE und EGC hinwegnimmt.

§. 19. Lehrsatz.

Das Quadrat der Summe zweier Linien ist um das doppelte Rechteck beider Linien größer als die Summe der Quadrate dieser Linien.

Beweis.

Es sei (Fig. 58.) $AC = AB + BC$ als Summe zweier Linien gegeben. Es soll $AC^2 = AB^2 + BC^2 + 2\,AB.BC$ sein.

Man construire das Quadrat von AC, dies sei ACDE, trage von A aus auf AE das Stück AF = AB ab und lege durch B eine Parallele mit AE, dies sei BG; durch F eine Parallele mit AC, dies sei FH. Beide Parallelen durchschneiden sich in K. Dadurch ist das Quadrat in vier Vierecke getheilt. Diese sind AK, BH, FG, KD

Von diesen ist AK das Quadrat von AB; weil AF = AB, AB parallel mit FK, oder kürzer bezeichnet AB‡FK, und auch AF‡BK und Winkel BAF = R.

Ferner ist $KD = BC^2$, weil $HD = FE = AE - AF = AC - AB = BC$, und auch GD = BC, HD‡KG, GD‡KH und Winkel HDG = R.

Es ist sodann BH = AB.BC, denn CH = AF = AB, BC = BC, BK‡CH, BC‡KH und Winkel BCH = R.

Endlich ist auch FG = AB.BC; weil EG = AB, FE = BC, FE ‡ KG, FK ‡ EG und Winkel FEG = R.

In dem Quadrate AD sind also enthalten: 1) das Quadrat des ersten Theils $AB^2 = AK$; 2) das Quadrat des zweiten Theils $KD = BC^2$; 3) zwei Rechtecke AB.BC nämlich BH und FG. Was zu beweisen war.

§. 20. Lehrsatz.

Das Quadrat des Unterschiedes zweier geraden Linien ist um das doppelte Rechteck beider Linien kleiner als die Summe der Quadrate beider Linien.

Beweis.

Es sei AC (Fig. 59.) der Unterschied der geraden Linien AB und BC. Es soll $AC^2 = AB^2 + BC^2 - 2\,AB.BC$ sein.

Man construire und theile AB^2 genau so wie §. 19 mit AC^2 geschehen, und errichte noch über BC das Quadrat dieser Linie BLMC.

Dann ist Winkel MCB = R und BCK = R; also liegt auch CM in der Verlängerung von GC. Es ist nun $AB^2 + BC^2 = AD + MB$, aber auch $AB^2 + BC^2 = AK + FD + MH$.

Von diesen Vierecken ist $AK = AC^2$, wie §. 19 gezeigt.

Ferner ist FD = AB.BC; weil ED = AB, FE = BC und FED = R.

Sodann ist auch MH = AB.BC; weil HL = HB + BL = AF + BL = AC + BL = AC + CB = AB und ML = BC ist.

Es ist also $AB^2 + BC^2 = AC^2 + 2AB.BC$; also auch

$AC^2 = AB^2 + BC^2 - 2AB.BC$. Was zu beweisen war.

§. 21. Lehrsatz.

Wenn eine begrenzte gerade Linie halbirt, und auf derselben (zwischen ihren Endpunkten) ein Punkt angenommen wird; so ist das Quadrat des Abstandes dieses Punktes von der Mitte der Linie kleiner als das Quadrat der halben Linie, und zwar um das Rechteck zwischen den Abständen dieses Punktes von den Endpunkten der Linie

Beweis.

Es sei (Fig. 60.) die gerade Linie AB halbirt bei C und auf derselben ein Punkt D angenommen. Es ist zu beweisen daß $CD^2 = CB^2 - AD.DB$.

Man errichte über CD das Quadrat CDEF, eben so über CB das Quadrat CBGH; verlängere FE, welche parallel mit HG ist (VI, 1.) über E, so daß es die Quadratseite BG in K schneidet, und mache die Verlängerung KL der Linie KB gleich. Da nun Winkel GKL=HFL=FED=R ist; so vollende man das Rechteck zwischen KL und KG. Es sei KGML.

Da nun HGK = R und KGM = R; so ist GM die Verlängerung von HG und da ferner KL = KB, KG = FH = CH—CF = CB—CD = DB; so ist GL = EB. Nun ist FD kleiner als HB und zwar um die Rechtecke HK+KD, d. i. um HK+GL, d. h. um FL.LM Es ist aber FL = FK+KL = CB+BK = CB+FC = CB+CD = AC+CD = AD und ML = DB. Daher ist $CD^2 = CB^2 - AD.DB$. Was zu beweisen war.

§ 22. Lehrsatz.

Wenn eine begrenzte gerade Linie halbirt und auf der Verlängerung ein Punkt angenommen wird; so ist das Quadrat des Abstandes dieses Punktes von der Mitte der Linie größer als das Quadrat der halben Linie und zwar um das Rechteck zwischen den Abständen dieses Punktes von den Endpunkten der Linie.

Beweis.

Die gerade Linie AB (Fig. 61.) sei bei C halbirt und auf der Verlängerung über B hinaus der Punkt D angenommen. Es ist $CD^2 = CB^2 + AD.DB$.

Man errichte über CD das Quadrat CDEF und über CB das Quadrat CBGH, verlängere HG über G hinaus und nach dem Durchschnitte mit DE in K noch bis L; so daß KL = KD wird.

Man ersieht, wie im vorigen Beweise (VI, 21.), daß Rechteck EL = GD ist und daß FD = HB+FL ist.

Es ist aber FL = FH.HL und FH = BD, HL = HK+KL = CD+KD = CD+CH = CD+CB = CD+CA = AD.

Daher ist FL = AD.DB, und überhaupt $CD^2 = CB^2 + AD.DB$. Was zu beweisen war.

§. 23. Lehrsatz.

In jedem rechtwinkligen Dreieck ist das Quadrat der Gegenseite des rechten Winkels (Hypotenuse) gleich der Summe aus den beiden Quadraten der den rechten Winkel einschließenden Seiten (der Katheten).

Beweis.

Es sei (Fig. 62.) das bei B rechtwinklige Dreieck ABC gegeben und an der Kathete AB das Quadrat ABDE, an der Kathete BC das Quadrat BCFG und an der Hypotenuse AC das Quadrat ACHK gezeichnet. Es soll AH = AD + BF sein. Man fälle von der Spitze des rechten Winkels B auf die Hypotenuse AC das Perpendikel BL und verlängere es über L hinaus, bis es die Quadratseite HK in M schneidet, und ziehe die Geraden EC, BK, AF, BH.

Es ist zunächst ABC ein rechter Winkel, und auch ABD, folglich ist ABC + ABD = 2R und BD Verlängerung von BC; eben so läßt sich zeigen daß BG Verlängerung von AB ist. Da ferner BL und AK auf AC senkrecht stehen; so sind es Parallellinien und AM ist ein Parallelogramm, und zwar ein Rechteck, weil LAK = R. Aus demselben Grunde ist auch MC ein Rechteck.

Es sind ferner als Quadratseiten AB = AE und AC = AK. Ferner ist als Quadratwinkel BAE = CAK und, wenn zu jedem von beiden der Winkel BAC hinzukommt; so ist Winkel EAC = BAK. Mithin ist Dreieck ACE ≅ AKB (SWS).

Nun ist DC‡EA, also Dreieck ACE die Hälfte des Quadrates ABDE (VI,11); eben so ist BM‡AK, also Dreieck AKB die Hälfte des Rechtecks ALMK. Wo aber die Hälften gleich sind, sind es auch die Ganzen, also ist das Quadrat ABDE dem Rechteck ALMK flächengleich.

In ähnlicher Weise wird gezeigt, daß auch das Quadrat BCFG dem Rechteck CLMH flächengleich ist.

Da nun $AB^2 = AM$ und $BC^2 = MC$ ist; so ist $AB^2 + BC^2 = AM + MC$, oder $AB^2 + BC^2 = AC^2$. Was zu beweisen war.

Das Rechteck AM, nach den Seiten bezeichnet durch AK.AL oder AC.AL, ist, wie wir gesehen, dem Quadrate von AB gleich; eben so $CA.CL = CB^2$.

Nennt man nun überhaupt das Perpendikel, welches von einem Endpunkte eines begrenzten Schenkels eines Winkels auf den andern Schenkel gefällt ist, ein Projectionsperpendikel dieses Schenkels, und das dadurch auf dem andern Schenkel begrenzte Stück die Perpendikelprojection des begrenzten Schenkels, so ist BL das Projectionsperpendikel für die Linie AB auf AC, und AL die Perpendikelprojection von AB auf AC, und es ergiebt sich als

Erster Zusatz.

Das Quadrat jeder Kathete ist dem Rechteck gleich, das die Hypotenuse zu einer Seite, und die Perpendikelprojection dieser Kathete auf der Hypotenuse zur andern Seite hat.

Da ferner $BA^2 = BL^2 + AL^2$, weil ja auch BLA ein rechter Winkel ist, und eben so $BC^2 = BL^2 + LC^2$;

so ist $BA^2 + BC^2 = AL^2 + LC^2 + 2BL^2$.
Es ist aber $BA^2 + BC^2 = AC^2$,
und $AC^2 = AL^2 + LC^2 + 2AL.LC$ (VI, 19),
also $AL^2 + LC^2 + 2BL^2 = AL^2 + LC^2 + 2AL.LC$;
mithin $2BL^2 = 2AL.LC$ oder $BL^2 = AL.LC$.

Hieraus ergiebt sich ein

Zweiter Zusatz.

Das Quadrat des Projectionsperpendikels beider Katheten auf der Hypotenuse ist gleich dem Rechteck der Perpendikelprojectionen der Katheten auf der Hypotenuse.

§. 24. Lehrsatz.

In jedem stumpfwinkligen Dreiecke ist das Quadrat der Gegenseite des stumpfen Winkels größer als die Summe der beiden Quadrate der andern Seite und zwar um ein zweifaches Rechteck zwischen der einen Seite und der Perpendikelprojection der andern auf ihr.

Beweis.

Es sei (Fig. 63.) das bei B stumpfwinklige Dreieck ABC gegeben, auf der Verlängerung einer der Seiten, CB die an dem stumpfen Winkel liegt, sei durch das Projectionsperpendikel AD die Projection DB abgeschnitten. Es ist zu zeigen, daß $AC^2 = AB^2 + BC^2 + 2BC.BD$.

Es ist $AC^2 = AD^2 + DC^2$ (VI, 23.),
$DC^2 = DB^2 + BC^2 + 2DB.BC$ (VI, 19.);
also $AC^2 = AD^2 + DB^2 + BC^2 + 2DB.BC$.
Nun ist auch $AD^2 + DB^2 = AB^2$
also $AC^2 = AB^2 + BC^2 + 2CB.BD$.
Was zu beweisen war.

§. 25. Lehrsatz.

Das Quadrat der Gegenseite eines spitzen Winkels in einem Dreiecke ist kleiner als die Summe der Quadrate der beiden andern Seiten, und zwar um das doppelte Rechteck zwischen einer dieser Seiten und der Projection der andern auf ihr.

Beweis.

In dem Dreiecke ABC (Fig. 64.) liegt AB dem spitzen Winkel BCA gegenüber und das Projectionsperpendikel AD fällt zwischen die Grenzen der Gegenseite BC. Es soll bewiesen werden, daß

$$AB^2 = AC^2 + CB^5 - 2\,BC.\,CD.$$

Es ist $AB^2 = AD^2 + BD^2$ und $BD^2 = (BC - CD)^2$,

also $BD^2 = BC^2 + CD^2 - 2\,BC.\,CD$;

folglich ist $AB^2 = AD^2 + BC^2 + CD^2 - 2\,BC.\,GD$.

Es ist ferner $AD^2 + CD^2 = AC^2$:

folglich auch $AB^2 = AC^2 + BC^2 - 2\,BC.\,CD$.

Was zu beweisen war.

Es liegt ferner (Fig. 63.) in dem Dreieck ABC, die Seite AB dem spitzen Winkel ACB gegenüber, und das Projectionsperpendikel AD trifft die Verlängerung der Seite CB in D;

so ist auch $AB^2 = AD^2 + DB^2$ und

$DB^2 = (DC - CB)^2 = DC^2 + CB^2 - 2\,DC.\,CB$,

also $AB^2 = AD^2 + DC^2 + CB^2 - 2\,DC.\,CB$.

Nun ist $AD^2 + DC^2 = AC^2$;

also ist $AB^2 = AC^2 + CB^2 - 2\,CB.\,CD$.

Was zu beweisen war.

Fiele das Projectionsperpendikel von A aus auf einen Endpunkt von CB, so wäre CB und CD dieselbe Linie, eben so AD und AB, und man hätte $AB^2 = AC^2 + CB^2 - 2\,CB^2$ d. h. $AB^2 = AC^2 - CB^2$, eine leichte Folge aus IV, 23.

§. 26. Lehrsatz.

Wenn in einem Dreiecke das Quadrat einer Seite so groß ist wie die Quadrate der beiden anderen zusammengenommen; so liegt dieser Seite ein rechter Winkel gegenüber: ist es größer, so ist der Gegenwinkel ein stumpfer: ist es kleiner, ein spitzer.

Beweis.

Wenn (Fig. 65.) in dem Dreieck ABC das Quadrat von AC gleich ist den Quadraten von AB und BC zusammengenommen; so ist ABC ein rechter Winkel. Denn wäre ABC ein stumpfer Winkel; so wäre $AC^2 > AB^2 + BC^2$: wäre ABC ein spitzer Winkel; so wäre $AB^2 + BC^2 > AC^2$: beides gegen die Voraussetzung; also ist ABC ein rechter Winkel.

Ist aber $AC^2 > AB^2 + BC^2$; so ist auch ABC ein stumpfer Winkel; denn wäre $ABC = R$; so wäre $AC^2 = AB^2 + BC^2$: wäre $ABC < R$; so wäre $AC^2 < AB^2 + BC^2$: beides gegen die Voraussetzung; folglich ist $ABC > R$.

Wenn endlich $AC^2 < AD^2 + BC^2$ ist; so ist auch ABC ein spitzer Winkel; denn wäre $ABC = R$; so wäre $AC^2 = AB^2 + BC^2$: wäre $ABC > R$; so wäre $AC^2 > AB^2 + BC^2$: beides gegen die Voraussetzung; also ist $ABC < R$.

§. 27. Aufgabe.

Ein Quadrat zu construiren, das einem gegebenen Rechteck flächengleich ist.

Auflösung.

Es sei (Fig. 66.) das Rechteck ABCD gegeben, man soll ein Quadrat construiren, das diesem Rechteck flächengleich ist.

Man verlängere die kürzere Seite des Rechtecks AB über B hinaus, bis die Verlängerung BE der längern Seite gleich ist, ($BE = BC$), dann halbire man die Linie AE in F und beschreibe um F mit FA einen Halbkreis, der die längere Seite des Rechtecks BC in G trifft; so ist BG die Seite des Quadrates, das dem Rechtecke AC flächengleich ist.

Beweis.

Man ziehe AG, GE, FG; so ist $FA = FG = FE$ (II, 22);
also auch Winkel $FGA = FAG$ und Winkel $FGE = FEG$ (IV, 8 a.).
Daher auch Winkel $FGA + FGE = GAF + GEF$,
oder Winkel $AGE = GAE + GEA$.
Nun ist $AGE + GAE + GEA = 2R$ (V, 10. Zus.);
also ist auch $AGE = R$. Im rechtwinkligen Dreiecke AGE ist dann $GB^2 = AB.BE$ (VI, 23. Zus. 2.). Was zu beweisen war.

§. 28. Aufgabe.

Eine begrenzte gerade Linie so zu theilen, daß das Quadrat des größern Abschnitts dem Rechteck unter der ganzen Linie und dem kleinern Abschnitte flächengleich ist.

Auflösung.

Es sei (Fig. 67.) die begrenzte Gerade AB gegeben. Man errichte in ihrem Endpunkte B das Perpendikel BC, das der Hälfte von AB gleich ist ($BC = \frac{1}{2}AB$);

ziehe die Hypotenuse AC und schneide auf dieser von C aus ein Stück CD = CB ab: dann schneide man auf AB von A aus ein Stück AE = AD ab; so ist die Gerade AB bei E in der verlangten Weise getheilt, d. h. $AE^2 = AB.BE$.

Beweis.

In den folgenden Schlüssen, die wir nur kurz aufführen, werden Summirungen der Quadrate, Zerlegungen derselben, Vereinigung und Trennung der Rechtecke nach den beigefügten Sätzen vorgenommen. Es ist

$$AC^2 = AB^2 + BC^2 \text{ (VI, 23.)},$$
$$AD^2 + 2\,AD.DC + DC^2 = AB^2 + BC^2 \text{ (VI, 19.)},$$
$$AD^2 + 2\,AD.DC = AB^2 \text{ (I, 8.)},$$
$$AD^2 + AD.AB = AB^2 \text{ (VI, 14, 2.)},$$
$$AE^2 + AE.AB = AB^2 \text{ (I, 3.)},$$
$$AE^2 = AB^2 - AE.AB \text{ (I, 8.)},$$
$$AE^2 = AB.BE \text{ (VI, 14, 3.)}.$$ Was zu beweisen war.

Anm. Die Lösung dieser Aufgabe, welche für die Kreistheilung wichtig ist, wurde von den alten Geometern mit dem Namen des goldenen Schnitts bezeichnet.

Siebenter Abschnitt.

Von den Vielecken überhaupt.

§. 1. Erklärung.

Eine geradlinige ebene Figur, die von mehr als vier Seiten eingeschlossen ist, wird im Allgemeinen Vieleck, im Besonderen nach der Anzahl der Seiten Fünfeck, Sechseck, Siebeneck u. s. w. genannt. Die Winkel, welche von zwei anstoßenden Seiten einer Figur eingeschlossen werden und deren Winkelblätter, so weit die begrenzten Schenkel reichen, zur Fläche der Figur gehören, werden Innenwinkel genannt. Winkel von einer Seite der Figur und der Verlängerung der anstoßenden eingeschlossen, heißen **Außenwinkel.** Wenn jeder Innenwinkel eines **Vielecks** kleiner als zwei rechte ist; so heißt die Figur ein **volles** Vieleck oder ein **concavwinkliges Vieleck.** Ist aber auch nur **ein** Innenwinkel vorhanden, der größer als zwei rechte ist; so daß eigentlich die an seinem Scheitelpunkte zusammenstoßenden Seiten nach Außen hin einen Winkel bilden; so nennt man eine solche Figur ein Vieleck mit einspringenden Winkeln oder ein **convexwinkliges** Vieleck. Diagonale ist auch bei Vielecken eine gerade Linie, die zwei Eckpunkte der Figur verbindet, ohne Seite derselben zu sein.

Schon bei Vierecken kann man concavwinklige und convexwinklige unterscheiden. Die letzteren haben jederzeit eine Diagonale außerhalb der Figur. In vollen Figuren liegen alle Diagonalen innerhalb, in convexwinkligen liegen einige ganz, einige zum Theil außerhalb.

§. 2. Lehrsatz.

Jede mehr als dreiseitige volle Figur läßt sich durch Diagonalen, die sich im Innern derselben nicht schneiden, in so viel Dreiecke zerlegen, als die Figur Seiten hat weniger zwei, und es lassen sich überhaupt in jeder Figur nur so viel Diagonalen, die sich nicht schneiden, ziehen, als die Figur Seiten hat weniger drei.

Beweis.

Daß in jedem Viereck, habe es nur ausspringende, oder auch einen einspringenden Winkel, eine Diagonale gezogen und dadurch die Figur in zwei Dreiecke getheilt werden kann, ist leicht einzusehen. Die zweite Diagonale muß die erste schneiden. Hat das Viereck einen **einspringenden** Winkel, so liegt eine Diagonale ganz außerhalb. Daher ist (Fig. 68.) in dem Viereck ABCD, welches lauter ausspringende Winkel hat, sobald die Diagonale AC gezogen ist, die zweite DB nicht mehr möglich, ohne jene zu durchschneiden und **in** dem Viereck EFGH, welches den einspringenden Winkel EFG hat, ist überhaupt nur **eine** Diagonale FH möglich, da die andere EG außerhalb liegt.

Hat man nun (Fig. 69.) ein Fünfeck ABCDE, so läßt sich durch eine Diagonale AC ein Dreieck abschneiden, wodurch zwei Figuren entstehen, nämlich das Dreieck und das Viereck ACDE, wovon das letztere wieder durch eine Diagonale in zwei Dreiecke getheilt wird. Das Fünfeck hat also zwei Diagonalen, die sich nicht schneiden und drei Dreiecke.

Diese Schlüsse lassen sich fortsetzen und man sieht ein, daß man bei einer mehrseitigen Figur dadurch, daß man durch eine Diagonale ein Dreieck abschneidet, jedesmal eine Figur erhält, die eine Seite weniger hat und von der schon erwiesen ist, daß sie

1) in so viel Dreiecke zerlegt werden kann als sie Seiten hat weniger zwei und

2) so viel sich innerhalb der Figur nicht schneidende Diagonalen hat, als Seiten vorhanden sind weniger drei.

Anm. 1. Nennt man die Anzahl der Seiten einer Figur n; so ist die Anzahl der Dreiecke, in die sie zerlegt werden kann, $n-2$, und der Diagonalen, die sich nicht schneiden, $n-3$.

Anm. 2. Die Anzahl sämmtlicher Diagonalen, welche bei einem Vieleck möglich sind, ist halb so groß als die Zahl, welche man findet; wenn man die Seitenzahl so oft nimmt, als Seiten vorhanden sind weniger drei.

Da aus jeder Winkelspitze eines Vielecks nach allen übrigen Winkelspitzen Diagonalen gezogen werden können, außer nach den beiden nächsten und nach der Winkelspitze selbst, von welcher man ausgeht (z. B. in dem Fünfeck ABCDE von A aus nicht nach E und nach B und nach A); so lassen sich also von jeder Winkelspitze aus so viel Diagonalen ziehen als die Figur Seiten hat weniger drei (in dem Fünfeck ABCDE also von A aus nur zwei, nämlich nach C und nach D). Wenn man nun aus allen Winkelspitzen einer Figur alle Diagonalen ziehen wollte; so müßte jede zweimal gezogen werden (z. B. AC von A aus nach C und von C aus nach A).

Daraus ergiebt sich sehr einfach, daß die Anzahl sämmtlicher möglichen Diagonalen eines gegebenen Vielecks gefunden wird; wenn man die um drei verminderte Seitenzahl der Figur so oft nimmt, als Seiten vorhanden sind und die so gefundene Zahl halbirt. Diesen Werth kann man durch $\frac{1}{2}n\,(n-3)$ bezeichnen.

Da schon an sich jedes Dreieck nach §. 1. eine volle Figur ist, aber in einer converwinkligen Figur jederzeit mehrere Dreiecke, die theils durch Diagonalen, theils durch andere Linien gebildet sind, zu vollen Figuren so vereinigt werden können, daß lauter volle Figuren entstehen; so ergiebt sich der

Zusatz.

Jede converwinklige Figur ist als eine Vereinigung concavwinkliger anzusehen.

§. 3. Lehrsatz.

Die Summe sämmtlicher Innenwinkel einer geradlinigen Figur wird gefunden, wenn man die Größe von zwei rechten Winkeln so oft nimmt, als die Anzahl der Seiten weniger zwei beträgt.

Beweis.

Da jede geradlinige Figur durch Diagonalen, die sich nicht schneiden und innerhalb der Figur liegen, in so viel Dreiecke zerlegt werden kann, als sie Seiten hat, weniger zwei und die Winkel dieser sämmtlichen Dreiecke aus den Innenwinkeln der Figur oder deren Theilen bestehen, auch kein Innenwinkel der Figur oder kein Theil eines solchen Innenwinkels übrig bleibt, der nicht ganz in einem Dreieck oder mit seinen Theilen in mehreren Dreiecken enthalten wäre; so muß die Summe der Innenwinkel der Figur der Summe sämmtlicher Winkel dieser Dreiecke gleich sein. Da nun in jedem Dreiecke die inneren Winkel zusammen zwei rechte betragen und so viel Dreiecke vorhanden sind, als die Figur Seiten hat weniger zwei; so wird auf die oben ausgesprochene Weise die Summe sämmtlicher Innenwinkel einer Figur erhalten.

In dem Siebeneck ABCDEFG (Fig. 70.), welches durch die vier Diagonalen BG, BF, BD und DF in fünf Dreiecke zerlegt ist, betragen also sämmtliche innere Winkel zusammen fünfmal 2 rechte, d. i. 10 rechte.

Anm. Gemäß der in der Anmerkung des vorigen §. gewählten Bezeichnung der Seitenzahl eines Vielecks, ist die Summe sämmtlicher Innenwinkel $(n-2)\,2R$ oder $2nR - 4R$. Als Folgerung dieses Lehrsatzes, aber auch unmittelbar durch Construction nachweisbar, ergiebt sich der

Zusatz.

Wenn man an jeder Winkelspitze einer geradlinigen hohlwinkligen Figur nur einen Außenwinkel construirt, so betragen alle zusammengenommen vier rechte.

§. 4. Lehrsatz.

Zwei mehrseitige geradlinige Figuren sind congruent, wenn sie sich durch innere Diagonalen, die sich nicht schneiden, in congruente Dreiecke zerlegen lassen, die mit gleichliegenden Seiten und den Scheitelpunkten gleichliegender Winkel zusammenstoßen.

Beweis.

Seien ABCDE und FGHIK (Fig. 71.) zwei Fünfecke, durch die Diagonalen AC, AD, FH, FJ in congruente Dreiecke zerlegt, (nämlich ABC $\cong$ FGH, ACD $\cong$ HFI, DAE $\cong$ IFK), welche mit gleichliegenden Seiten (AC und FH, AD und FI) und mit den Spitzen gleichliegender Winkel (BAC und GFH, CAD und HFI, DAE und IFK) zusammenstoßen; so lege man die beiden Fünfecke so auf einander, daß das Dreieck ABC das congruente FGH decke, also B auf G, C auf H und A auf F falle. Da die Dreiecke CAB und HFG congruent sind, und da AC die Linie FH deckt und Winkel CAD dem Winkel HFI gleich ist, so wie ACD = FHI; so fällt auch D auf I. Ferner sind DAE und IFK gleichliegende Winkel, also auch gleich; ebenso ADE gleich FJK; also fällt E auf K. Also decken sich die Grenzen beider Figuren und diese sind folglich congruent.

Anm. Die Congruenz mehrseitiger Figuren wird in vorkommenden Fällen durch den Nachweis congruenter Bestandtheile in übereinstimmender Ordnung gezeigt. Daher sollen hier nur einige Sätze, auf welche man in manchen Fällen verweisen kann, als Zusätze, deren Beweis sich leicht aus dem Lehrsatz ableiten läßt, aufgeführt werden.

Erster Zusatz.

Zwei mehrseitige geradlinige Figuren von gleicher Seitenanzahl sind congruent, wenn in beiden alle Seiten und Winkel, bis auf eine Seite und die beiden anliegenden Winkel, der Reihe nach, gleich sind.

Zweiter Zusatz.

Zwei mehrseitige Figuren von gleicher Seitenzahl sind congruent, wenn in beiden alle Seiten, der Reihenfolge nach einzeln verglichen, gleich sind und wenn in beiden die von gleichen Seiten eingeschlossenen Winkel bis auf drei beliebige, einzeln verglichen, übereinstimmen.

Der Beweis ist erst für Vierecke, dann für Vielecke zu führen.

Dritter Zusatz.

Zwei mehrseitige Figuren sind congruent, wenn alle Winkel und Seiten, bis auf zwei nicht parallele Seiten und einen Winkel, einander der Ordnung nach, einzeln verglichen, gleich sind.

Auch dieser Satz wird am besten erst an Vierecken, dann an Vielecken nachgewiesen.

§. 5. Aufgabe.

Ein Vieleck zu construiren, welches einem gegebenen congruent ist.

Auflösung.

Man zerlege das Vieleck in Dreiecke durch Diagonalen, die sich nicht schneiden, construire die diesen congruenten Dreiecke, jedes an der entsprechenden Seite des vorhergehenden, der Reihe nach so, daß die Winkelspitzen gleicher Winkel zusammenstoßen; dann sind die Figuren congruent nach §. 4.

Ist demnach (Fig. 71.) ein Vieleck dem Fünfeck ABCDE congruent zu zeichnen, so ziehe man die Diagonalen AC, AD und beschreibe aus den drei Seiten FG = AB, GH = BC und FH = AC, das Dreieck FGH, welches dem Dreieck ABC congruent ist. Darauf beschreibe man über FH das Dreieck FHI so, daß FI = AD, HI = CD wird; so ist auch das Dreieck FHJ dem Dreieck ADC congruent und das Viereck FGHJ dem Viereck ABCD. An FJ construire man das Dreieck FKJ so, daß FK = AE, KJ = ED wird, so ist auch das Dreieck FKJ dem Dreieck ADE congruent und das Fünfeck FGHJK dem Fünfeck ABCDE.

Anm. 1. Da die Schenkel eines rechten Winkels jederzeit auf die Schenkel eines anderen rechten Winkels so gelegt werden können, daß die Scheitelpunkte zusammenfallen, und da in diesem Falle auch die Endpunkte der Schenkel auf einander fallen, wenn die Schenkel des einen Winkels denen des anderen gleich sind; so läßt sich hieraus leicht eine besonders bequeme und auch für den weiteren Verfolg der Geometrie wichtige Art, Figuren abzutragen, herleiten.

Es sei (Fig. 72.) das Fünfeck ABCDE gegeben. Man ziehe eine beliebige Linie GH und fälle von allen Winkelspitzen der Figur Perpendikel auf diese Linie, EK, AL, BM, CN und DO. Nun nehme man eine beliebige Linie gh an und schneide von derselben ab gk = GK, go = GO, gl = GL, gn = GN, gm = GM. Dann errichte man die Perpendikel ke = KE, la = LA und mb = MB nach der einen Seite dieser Linie und die Perpendikel nc = NC und od = OD nach der anderen Seite hin; zieht man dann die Linien ab, bc, cd, de, ea; so entsteht das Fünfeck abcde, welches dem Fünfecke ABCDE congruent ist. Legt man nämlich GH so auf gh, daß G auf g fällt; so fällt auch K auf k, O auf o, L auf l, N auf n, M auf m und also fallen auch die Perpendikel KE, LA, MB, NC und OD auf die Perpendikel ke, la, mb, nc, od: mithin fallen die Winkelspitzen der Figuren a, b, c, d, e, f und A, B, C, D, E, F auf einander; also auch die Seiten (II, 9.). Mithin decken sich die Seiten und Winkel des Umfangs; also sind die Figuren congruent.

Anm. 2. Man pflegt eine zur Bestimmung der Punkte in der Ebene gezogene gerade Linie, wie hier GH, eine Abscissenlinie zu nennen. Ein auf einer solchen Linie angenommener Punkt G heißt der Anfangspunkt der Abscissen. Das Perpendikel von einem Punkte auf die Abscissenlinie heißt die Ordinate des Punktes und das Stück der Abscissenlinie zwischen dem Anfangspunkte der Abscissen und der Ordinate heißt die Abscisse dieses Punktes. Man sieht also leicht ein, daß ein Vieleck gefunden ist, wenn man für jede Winkelspitze die Abscisse und Ordinate kennt, und jedesmal weiß, nach welcher Seite des Anfangspunktes hin die Abscissen und nach welcher Seite der Abscissenlinie hin die Ordinaten genommen werden müssen. Diese Richtungen kann man bequem durch die Zeichen + und — andeuten. Es ist demnach GK die Abscisse für den Punkt E, und EK die Ordinate desselben. Hat man diese für die Zeichnung durch + angedeutet: so daß man also an G die Abscisse + GK anlegen und in K die Ordinate + KE errichten soll; so muß man AL und BM und jede Ordinate auf derselben Seite von GH auch durch +, jede darunter liegende aber durch — bezeichnen z.B. — OD, — NC ꝛc. Auch die Abscissen würden mit — bezeichnet werden müssen, wenn sie nach der entgegengesetzten Seite von G, also in der Verlängerung von GH über G hinaus, angenommen werden sollten, was nothwendig wäre, wenn man G innerhalb der Figur gewählt hätte.

Anm. 3. Wenn eine gewisse gerade Linie gegeben wird, und die Abscissen und Ordinaten jedes Punktes sind Vielfache dieser gegebenen Linie; so ist die Figur durch die Zahlen der Vielfachen, welche die Abscissen und Ordinaten der Winkelspitzen vorstellen, und durch die diesen Zahlen vorgesetzten und der Lage der Abscissen und Ordinaten entsprechenden Zeichen genau bestimmt. Ist also die Länge a eine bekannte Linie; so ist auch die Figur ABCDE genau bestimmt; wenn man weiß, daß für A die Abscisse + 1 a und die Ordinate + 6 a; für B die Abscisse + 5 a, die Ordinate + 7 a; für C die Abscisse + 8 a, die Ordinate + 3 a; für D die Abscisse — 1 a, die Ordinate — 5 a; für E die Abscisse — 5 a und die Ordinate — 2 a ist.

Anm. 4. Die aufmerksame Betrachtung dieser Auflösungen führt auf den

Zusatz.

Jede zwei congruente mehrseitige Figuren lassen sich auf verschiedene Weise in congruente Dreiecke zerlegen.

§. 6. Aufgabe.

Ein beliebiges hohlwinkliges (d. i. concavwinkliges) Vieleck in ein ihm flächengleiches zu verwandeln, das eine Seite weniger hat.

Auflösung.

Es sei (Fig. 73.) das hohlwinklige Sechseck ABCDEF gegeben, das in ein ihm flächengleiches Fünfeck verwandelt werden soll. Man ziehe eine beliebige Diagonale, die ein Dreieck abschneidet, z. B. AC und aus der Spitze ihres Gegenwinkels im Dreieck B eine mit ihr parallele Linie BC. Dann verlängere man eine der Seiten des Vielecks, welche an der Diagonale liegen, und nicht zu dem abgeschnittenen Dreieck gehören, z. B. DC, bis sie die mit der Diagonale parallel gezogene Linie in G trifft, ziehe sodann AG; so entsteht das Fünfeck AGDEF, welches dem Sechseck ABCDEF flächengleich ist.

Beweis.

Das Dreieck ABC hat mit dem Dreieck AGC die gemeinschaftliche Grundlinie AC und beide liegen zwischen denselben Parallelen BG und AC; mithin ist Dreieck ABC = AGC (VI, 8 u. 11.). Folglich ist auch ABC + ACDEF = AGC + ACDEF (I, 6), d. h. AGDEF = ABCDEF. Was zu beweisen war.

§. 7. Aufgabe.

Jedes beliebige hohlwinklige Vieleck in ein Quadrat zu verwandeln.

Auflösung.

Wenn man eine beliebige geradlinige hohlwinklige Figur in eine andere flächengleiche verwandelt, die eine Seite weniger hat, und diese wieder in eine andre flächengleiche, die eine Seite weniger hat, u. s. w., so erhält man zuletzt ein Dreieck, welches der zuerst gegebenen Figur flächengleich ist. Jede geradlinige Figur kann also in ein ihr flächengleiches Dreieck verwandelt werden und da jedes Dreieck einem Rechtecke gleich ist, das mit ihm gleiche Grundlinie aber nur die halbe Höhe hat (VI, 12.); so läßt sich also auch jede solche Figur leicht in ein flächengleiches Rechteck verwandeln.

Da ferner aus den beiden Seiten jedes Rechtecks die Seite eines flächengleichen Quadrates gefunden werden kann (VI, 27.), so läßt sich jede vielseitige Figur in ein Quadrat verwandeln und zwar auf zweifache Weise: entweder, indem man sie zuvor in ein Dreieck, dieses in ein Rechteck und dieses in ein Quadrat verwandelt, oder indem man sie durch Diagonalen in Dreiecke zerlegt, jedes Dreieck in ein Rechteck, und dieses dann in ein Quadrat verwandelt. Da nun zwei Quadrate leicht in ein einziges (VI, 23.), mithin jede beliebige Anzahl von Quadraten in ein einziges verwandelt werden kann; da endlich auch der Unterschied zweier Quadrate leicht als Quadrat hingestellt werden kann (V, 23.), so ist es also möglich, nicht nur jede beliebig gegebene geradlinige Figur, die nur ausspringende Winkel hat, in ein einziges Quadrat zu verwandeln; sondern auch Quadrate zu finden, die der Summe oder dem Unterschiede beliebiger geradliniger hohlwinkliger Figuren flächengleich sind.

§. 8. Aufgabe.

Jede beliebige vielseitige Figur in ein Quadrat von gleicher Fläche zu verwandeln.

Auflösung.

Da sich nach §. 7. jede hohlwinklige geradlinige Figur in ein Quadrat von gleicher Fläche verwandeln läßt. Da ferner jede convexwinklige Figur sich in hohlwinklige zerlegen läßt; so hat man nur bei einer convexwinkligen Figur jeden hohlwinkligen Bestandtheil für sich allein in ein Quadrat zu verwandeln und dann (nach VI, 23.) die so erhaltenen Quadrate in eins zu vereinigen.

§. 9. Aufgabe.

Ein gegebenes geradliniges Vieleck in ein Dreieck zu verwandeln, das einen gegebenen Winkel und eine gegebene Seite hat.

Auflösung.

Man verwandele zunächst die gegebene Figur in ein Quadrat. Dies sei (Fig. 74.) ABCD. Die Verlängerung der Seite AB dieses Quadrates über B hinaus mache man gleich der gegebenen Linie BE, welche Seite des Dreiecks werden soll. Ziehe sodann die Gerade EC und damit aus A parallel die Linie AF, welche die Verlängerung der Quadratseite CB in F trifft. Dann schneide man auch auf der Verlängerung von BF die Linie FG = FB ab, lege an BE in B nach der Seite hin, wo G liegt, den gegebenen Winkel EBH an, und ziehe aus G eine Parallele AB, welche den Schenkel dieses Winkels BH in K trifft. Darauf ziehe man KE; so ist KBE das verlangte Dreieck.

Beweis.

Man ziehe die Linien AC, FE, GE; so ist Dreieck:

FBE = ABC (VI, 17.),
GFE = FBE (VI, 14.),
ABC = ADC (VI, 2.),
GBE = ABCD (I, 6.),
KBE = GBE (VI, 11.),
KBE = ABCD (I, 4.).

Was zu beweisen war.

§. 10. Lehrsatz.

Zwei flächengleiche geradlinige Figuren lassen sich jederzeit so theilen, daß die Flächenstücke der einen einzeln den Flächenstücken der anderen congruent sind.

Der Beweis dieses Satzes ergiebt sich durch einen Zusammenhang mehrerer Sätze, die wir hier der Reihe nach aufführen.

a. Aufgabe.

Zwei Dreiecke, in denen zwei Seiten einzeln verglichen einander gleich sind, und die von diesen Seiten eingeschlossenen Winkel sich zu zweien rechten ergänzen, in congruente Flächenstücke zu theilen.

Auflösung.

Es seien (Fig. 75.) die Dreiecke ABC und DEF gegeben; in denen AB = DE, BC = DF und Winkel ABC + FDE = 2R. Man soll beide Dreiecke in congruente Flächenstücke zerlegen.

Man halbire die ungleichen Seiten beider Dreiecke AC in G und EF in H und verbinde die Halbirungspunkte mit den Spitzen der Gegenwinkel durch die geraden Linien DH und BG; so ist Dreieck DHF $\cong$ BGC und DHE $\cong$ AGB.

Beweis.

Man verlängere AB über B hinaus bis K, so daß BK = DE, und ziehe CK; dann ziehe man aus B die Linie BL parallel mit AC; so ist CB = FD, nach der Annahme, und BK = DE, nach der Construction, und da ABC + CBK = 2R = ABC + FDE; so ist auch FDE = CBK; daher sind die Dreiecke CBK und DEF congruent; also auch CK = FE.

Es ist aber, da BK = BA und BL mit AC parallel ist, auch CL = KL (V, 12.), folglich CL = $\frac{1}{2}$CK = $\frac{1}{2}$FE = FH. Da nun auch CB = FD und Winkel BCK = DFE; so ist Dreieck DFH congruent mit BCL. Es ist ferner AC = 2BL (V, 12.); also BL = AG; da nun auch AB = BK und Winkel GAB = LBK (V, 6.); so ist Dreieck AGB congruent mit BLK. Es ist aber BL = DH, LK = HE, BK = DE, also auch BLK congruent mit DHE; folglich auch AGB congruent mit DHE. Da ferner BL = AG und AG = GC; so ist GL ein Parallelogramm (VI, 3.); mithin Dreieck CGB $\cong$ CLB (VII, 2.); also auch CBG $\cong$ FDH.

b. Lehrsatz.

Wenn zwei Figuren einzeln mit einer dritten in congruente

Stücke zerlegt werden können, so lassen sie sich auch unter einander in congruente Stücke zerlegen.

Beweis.

Die Figur ABCD (Fig. 76.) lasse sich mit der Figur FEG in congruente Stücke zerlegen, so daß Dreieck ABD ≅ FEM und BDC congruent EMG; eben so lasse sich auch die Figur HJKL mit ABCD in congruente Stücke zerlegen, so daß APQD ≅ HNOL uud PBCQ congruent NJKO. Es soll gezeigt werden, daß sich auch FEG und HJLK in congruente Stücke zerlegen lassen.

Die mit EFM und EMG congruenten Stücke der Figur ABCD werden durch die Theilungslinie PQ, welche die Stücke derselben mit HNOL und NJKO congruent macht, in kleinere Stücke zerlegt, nämlich ABD in PBR und APRD, und BDC in DRQ und BRQC. Da nun EFM congruent mit ABD ist; so läßt es sich durch eine Linie ST in zwei Stücke EST und STMF zerlegen, die congruent sind mit BPR und APRD; eben so läßt sich auch EGM, welches mit BCD congruent ist, durch eine Linie VU in zwei Stücke EVU und VUGM zerlegen, die congruent sind mit DRQ und BRQC. Es sind also die vier Stücke der Figur EGF den vier Stücken der Figur ABCD einzeln verglichen congruent.

Eben so läßt sich zeigen, daß in der Figur HJKL sich der eine Bestandtheil HNOL durch eine Linie NW in zwei Stücke HNW und WNOL zerlegen läßt, welche congruent sind mit DRQ und APRD, und daß sich auch der andere Bestandtheil NJKO durch eine Linie NZ in zwei Stücke NJZ und NZKO zerlegen läßt, die den Stücken BPR und BCQR einzeln verglichen congruent sind. Es sind also auch die vier Stücke der Figur HJKL den vier Stücken von ABCD einzeln verglichen congruent; mithin sind die vier Stücke von EFG auch den vier Stücken von HJKL einzeln verglichen congruent. Was zu beweisen war.

Anm. Wenn also zwei Figuren gegeben sind, deren jede sich mit einer dritten in congruente Stücke zerlegen läßt; so werden diejenigen Stücke, welche in der dritten Figur entstehen; wenn man sie sowohl mit der ersten als auch mit der zweiten in congruente Stücke theilt, zugleich die congruenten Theilstücke sein, aus denen sowohl die erste als auch die zweite Figur besteht.

c. Lehrsatz.

Zwei beliebige Dreiecke von gleicher Grundlinie und Höhe lassen sich in congruente Flächenstücke zerlegen.

Beweis.

Es seien (Fig. 77.) die beiden Dreiecke ABC, DEF gegeben, in denen DF = AC und die Höhe EM = BK. Beide Dreiecke lassen sich in congruente Flächenstücke zerlegen.

Man construire aus den Seiten AC = DF, CG = DE und AG = FE das Dreieck ACG congruent mit EDF an der entgegengesetzten Seite von AC; so wird die Höhe GL = EM = BK sein; sodann ziehe man BG, welche AC entweder zwischen A und C, oder in einem Endpunkte, oder in einem Punkte der Verlängerung schneidet. Im ersten Falle nenne man den Durchschnittspunkt H. Da nun BK = GL, Winkel BHK = GHL und BKH = GLH; so ist Dreieck BHK $\cong$ GHL; also auch BH = HG. Da nun auch CH = CH und Winkel CHB + CHG = 2R; so läßt sich (VII, 10, a.) BHC mit CHG in congruente Stücke zerlegen; eben so auch BAH mit AHG. Folglich läßt sich auch BHC + BHA d. i. BAC in congruente Stücke zerlegen mit CHG + GHA d. i. mit ACG. Was zu beweisen war.

Geht aber die Linie BG durch einen Endpunkt der Linie AC z. B. durch C; so ist aus denselben Gründen BC = CG und, da auch AC = AC und Winkel BCA + ACG = 2R; so lassen sich (VII, 10, a.) die Dreiecke ABC und ACG in congruente Stücke zerschneiden.

Durchschneidet endlich BG die Verlängerung der Linie AC, in einem Punkte N; so ist aus demselben Grunde BN = NG, und wenn man auf der Verlängerung von AC die Linie AC bis über N hinaus wiederholentlich aufträgt; so liegt N entweder auf einem der Theilpunkte oder zwischen zweien. Liegt N auf einem der Theilpunkte, z. B. dem ersten nach C; so ist offenbar CN = CA, BC = BC und Winkel BCA + BCN = 2R. Es läßt sich also BCN congruent theilen mit BCA; da aber auch BN = NG, CN = CN, und Winkel CNB + CNG = 2R; so läßt sich auch BCN congruent theilen mit CNG; folglich auch BCA mit CNG (VII, 10, b.). Endlich läßt sich auch aus demselben Grunde ACG congruent theilen mit CNG; folglich auch ACG mit ACB. Was zu beweisen war.

Fällt aber der Punkt N zwischen zwei Theilpunkte der verlängerten AC z. B. zwischen O und P; so ziehe man BO, BP, GO, GP; dann läßt sich nach dem ersten Falle BOP congruent theilen mit POG, BOP mit BOC; also auch BOC mit POG, POG mit GOC; also auch BOC mit COG; ferner BAC mit BOC, also auch BAC mit COG; COG mit CAG, also auch BAC mit CAG.

d. Lehrsatz.

Jede zwei Dreiecke gleichen Flächeninhalts lassen sich in congruente Flächenstücke zertheilen.

Beweis.

Wenn das Dreieck ABC (Fig. 78.) flächengleich mit DEF ist; so läßt es sich auch in Stücke zerlegen, welche den Stücken, worin ABC zerlegt werden kann, einzeln genommen congruent sind.

Man lege beide Dreiecke so auf einander, daß die Grundlinie des einen AB auf der Grundlinie des andern abgeschnitten wird, DG = AB, DH = AC, GH = BC

(IV, 16); dann verlängere man DE über E hinaus bis K, wo es von der aus H mit DF parallel gezogenen Linie geschnitten wird, und ziehe KG und EG; so ist Dreieck DHG = DKG (VI, 11.) und beide Dreiecke lassen sich auch in congruente Stücke theilen. Da nun nach der Annahme DHG = DEF; so ist DKG = DEF; folglich auch KGE = FGE (I, 7.). Da diese Dreiecke flächengleich sind und eine gleiche Seite EG, also auch gleiche Höhe, haben; so lassen sie sich in congruente Stücke zerlegen (VII, 10 c.); folglich läßt sich auch DKG mit DEF in congruente Stücke zerlegen, DKG aber auch mit DHG (VII, 10 c.) d. h. mit ABC, folglich auch DEF mit ABC. Was zu beweisen war.

e. Lehrsatz.

Jede zwei flächengleiche geradlinige Figuren lassen sich in congruente Flächenstücke zerlegen.

Beweis.

Es seien (Fig. 79.) die beiden geradlinigen Figuren ABCDEFG und H gegeben, welche flächengleich sind. Es ist möglich sie in congruente Stücke zu zerlegen. Man construire ein Dreieck KLM flächengleich mit H, also auch mit ABCDEFG, und zerlege jede der Figuren durch Diagonalen in Dreiecke, z. B. ABCDEFG in die Dreiecke ABG, BGF, BCD, BFD, FED; eben so auch die Figur H. Darauf zerlege man das Dreieck KLM durch Linien, welche aus einer Spitze K gehen, in die Stücke KLN = ABG, KNO = BGF, KOP = BCD, KPQ = BFD, KQM = DFE; so läßt sich also auch KLM mit ABCDEFG congruent theilen; weil sich (VII, 10 d.) KLN mit ABG, KNO mit BGF, KOP mit BCD, KPQ mit BFD, KQM mit FED congruent theilen lassen. Auf gleiche Weise ergiebt sich, daß auch H mit KLM congruent getheilt werden kann: folglich lassen sich die beiden Figuren H und ABCDEFG in Flächenstücke zerlegen, welche einzeln verglichen einander congruent sind. Was zu beweisen war.

f. Zusatz.

Da sich jede zwei ebene Figuren gleicher Fläche in congruente Flächenstücke zerlegen lassen und jede zwei congruente Flächenstücke, die mehr als drei Seiten haben, wieder in congruente Dreiecke zerlegt werden können, so lassen sich also jede zwei geradlinige gleichflächige Figuren in Dreiecke zerlegen, die einzeln verglichen einander congruent sind.

Achter Abschnitt.

Von den Centriwinkeln und Peripheriewinkeln, Sehnen und Tangenten eines Kreises.

§. 1. Lehrsatz.

Zwei Kreise mit gleichen Halbmessern sind congruent.

Beweis.

Es seien (Fig. 80.) die beiden Kreise um A und um C gegeben, deren Halbmesser AB und CD einander gleich sind; es soll bewiesen werden, daß die Kreise congruent sind.

Man denke sich beide Kreise so über einander gelegt, daß A auf C fällt, so muß der Punkt B in die Peripherie des Kreises um C fallen (III, 4.). Dasselbe gilt von jedem anderen Punkte der Peripherie des Kreises um A; mithin fallen bei diesem Aufeinanderlegen sämmtliche Punkte der Peripherie des Kreises um A auf die Peripherie des Kreises um C d. h. beide Kreise decken sich.

Anm. Zwei Kreise, die mit ihren Mittelpunkten zusammenfallen, werden concentrische genannt. Es ist also klar, daß concentrische Kreise, wenn ihre Halbmesser gleich sind, auch mit ihren Umfängen zusammenfallen.

§. 2. Erklärung.

Jeder Theil der Peripherie eines Kreises wird Bogen genannt. Es theilt also jede Sehne die Kreislinie in zwei Bogen. Der von einem Bogen und den aus seinen Endpunkten gezogenen Radien begränzte Theil der Kreisfläche heißt Kreisausschnitt (Sektor); Kreisabschnitt (Segment) hingegen ist jeder von einer Sehne und einem dazu gehörigen Bogen begrenzte Theil der Kreisfläche. Der Winkel, den zwei Radien bilden und dessen Scheitelpunkt im Mittelpunkte liegt, heißt Mittelpunktswinkel oder Centriwinkel des Kreises und der Bogen zwischen den Schenkeln des Centriwinkels ist der Bogen, auf welchem er steht. Der Winkel, den zwei Sehnen einschließen und dessen Scheitelpunkt in der Peripherie liegt, heißt Peripheriewinkel. Ein Peripheriewinkel steht auf dem Bogen, der zwischen seinen Schenkeln liegt, in dem Bogen, welcher diesen zur ganzen Peripherie ergänzt. Ein Peripheriewinkel heißt auch Abschnittswinkel für denjenigen Kreisabschnitt, der durch den Bogen, in welchem er steht, und die zugehörige Sehne gebildet wird.

§. 3. Lehrsatz.

Zu gleichen Mittelpunktswinkeln in demselben oder in gleichen Kreisen gehören gleiche Sehnen, Bogen und Ausschnitte.

Beweis.

In dem Kreise um A (Fig. 81.) seien die beiden Centriwinkel BAC und DAE einander gleich. Zieht man nun die Sehnen BC und DE, so ist AB$=$AE, AC$=$AD (II, 22.) und Winkel BAC$=$DAE nach der Annahme; also ist das Dreieck BAC dem Dreieck DAE congruent (IV, 3.), mithin auch BC gleich DE. Es muß aber auch der Bogen BC dem Bogen DE gleich sein; denn denkt man sich den Ausschnitt BAC so auf den Ausschnitt EAD gelegt, daß B auf E und C auf D fällt, A aber seine Lage behält; so muß der Bogen BC ganz auf den Bogen ED fallen; da jeder Punkt des Bogens BC von A die Entfernung AC$=$AE hat (III, 3.). Es fällt also der Bogen BC ganz in ED. Daraus ergiebt sich aber auch die Congruenz der Ausschnitte und zugehörigen Abschnitte.

Wenn die Ausschnitte ABC und AED in verschiedenen, aber gleichen Kreisen gegeben wären, so würde wegen §. 1. derselbe Beweis anwendbar sein.

§. 4. Lehrsatz.

Zu einem größeren Mittelpunktswinkel gehört in demselben oder in gleichen Kreisen eine größere Sehne, ein größerer Bogen und ein größerer Ausschnitt und Abschnitt.

Beweis.

Es seien in dem Kreise um B (Fig. 82.) die ungleichen Centriwinkel ABC und DBE gegeben, und zwar sei ABC$>$DBE. Wenn man nun an BC in B den Winkel CBF$=$DBE anlegt (IV, 7.); so ist klar, daß der Bogen AC größer ist als CF, und weil Bogen CF$=$DE ist (§. 3.); so folgt, daß der Bogen AC größer als DE ist.

Auf dieselbe Art folgt, daß der Ausschnitt ABC größer als DBE ist; und daß der Abschnitt AC größer als der Abschnitt DC ist. Da aber AB = BC, BC = BD und Winkel ABC > DBE; so ist auch AC größer als DE (IV, 20.). Für gleiche Kreise findet dieselbe Beweisführung statt, weil diese nach §. 1. zur Deckung gebracht werden können.

Anm. Es sind in diesem Satze nur ausspringende oder concave Winkel gemeint. Bei einspringenden Winkeln würde für Bogen, Abschnitte und Ausschnitte der Satz ebenfalls richtig sein; es würde aber zu einem größeren Winkel die kleinere Sehne gehören.

§ 5. Lehrsatz.

Zu gleichen Sehnen gehören in demselben oder in gleichen Kreisen gleiche Mittelpunktswinkel, gleiche Bogen, Ausschnitte und Abschnitte.

Beweis.

Es seien in dem Kreise um A (Fig. 81.) die gleichen Sehnen BC und DE gegeben. Man construire die Mittelpunktswinkel BAC und DAE; so ist AB = AD, AC = AE (II, 22.): da nun auch BC = DE; so sind die Dreiecke BCA und EDA congruent (SSS): mithin ist auch der Winkel BAC dem Winkel DAE gleich; also ist auch der Bogen BC dem Bogen DE und der Ausschnitt BAC dem Ausschnitt DAE gleich (§. 3.), desgleichen sind die Abschnitte BC und DE einander gleich.

Für gleiche Kreise ergiebt sich die Richtigkeit des Satzes auf dieselbe Weise.

§. 6. Lehrsatz.

Zu gleichen Bogen gehören in demselben oder in gleichen Kreisen auch gleiche Mittelpunktswinkel, gleiche Sehnen und gleiche Ausschnitte und Abschnitte.

Beweis.

In dem Kreise um A (Fig. 81.) seien die Bogen BC und DE gleich; so muß auch der Winkel BAC dem Winkel DAE gleich sein. Denn wäre einer von beiden z. B. BAC größer als der andere; so wäre auch der zugehörige Bogen BC größer (§. 4.) als der Bogen DE, was gegen die Voraussetzung ist. Daher ist also der Winkel BAC = DAF; also auch Sehne BC = DE und der Ausschnitt BAC dem Ausschnitte DAE gleich; ebenso sind auch die Abschnitte BC und DE einander gleich.

Für gleiche Kreise ergiebt sich wegen Congruenz derselben die Richtigkeit des Satzes auf dieselbe Art.

Anm. Da ein Perpendikel, im Mittelpunkt eines Kreises auf einem Durchmesser errichtet, gleiche Centriwinkel bildet; so wird dadurch der Halbkreis in zwei gleiche Bogen getheilt und umgekehrt ist der Centriwinkel auf dem halben Halbkreisbogen ein rechter Winkel.

In ähnlicher Weise ergiebt sich durch indirekte Schlüsse der

Zusatz.

Zu gleichen Ausschnitten oder zu gleichen Abschnitten in denselben oder in gleichen Kreisen, gehören auch gleiche Winkel am Mittelpunkt, gleiche Bogen und gleiche Sehnen.

§. 7. Lehrsatz.

Eine Linie, welche vom Mittelpunkt eines Kreises winkelrecht auf eine Sehne gezogen wird, halbirt die Sehne, den zugehörigen Winkel am Mittelpunkt, den ganzen Ausschnitt und die beiden Bogen, in welche die Kreislinie durch die Sehne getheilt wird.

Beweis.

In dem Kreise um A (Fig. 83.) sei auf die Sehne BC das Perpendikel AD gefällt; und so weit verlängert, daß es über D hinaus in E und über A hinaus in F die Peripherie trifft.

Zieht man nun die Radien AB und AC; so ist AB = AC, AD = AD und der Winkel ADB = ADC; mithin ist das Dreieck ADB dem Dreieck ADC congruent (SsW); also ist auch BD = DC, folglich BC in D halbirt. Es ist aber wegen der Congruenz dieser Dreiecke auch der Winkel BAD dem Winkel DAC gleich; mithin ist auch der Bogen BE dem Bogen EC und der Ausschnitt BAE dem Ausschnitte EAC gleich (§. 3.). Da nun auch Winkel FAB = FAC, als Nebenwinkel der gleichen Winkel BAE und EAC; so ist auch Bogen BF = FC; also ist durch dieses Perpendikel auch der andere Bogen, der zu dieser Sehne gehört, d. i. der Bogen BFC halbirt.

§. 8. Lehrsatz.

Eine Linie, welche einen Winkel am Mittelpunkt halbirt,

steht senkrecht auf der zugehörigen Sehne, halbirt also dieselbe, den zugehörigen Bogen und Ausschnitt.

Beweis.

In dem Kreise um A (Fig. 83.) halbire die Linie AE den Mittelpunktswinkel BAC und schneide die zugehörige Sehne in D, den Bogen in E; so ist BA = AC, DA = DA und Winkel BAD = DAC, daher sind die Dreiecke BAD und DAC congruent (SWS.), folglich ist der Winkel BDA = ADC; also ist AD winkelrecht auf BC; daher ist nun auch BD = DC, Bogen BE = EC und der Ausschnitt ABE dem Ausschnitt EAC gleich (§. 8).

§. 9. Lehrsatz.

Eine Linie, die den Mittelpunkt eines Kreises mit der Mitte einer Sehne verbindet, steht auf derselben winkelrecht, halbirt also den zugehörigen Mittelpunktswinkel, Bogen und Ausschnitt.

Beweis.

In dem Kreise um A (Fig. 83), sei die Sehne CB in D halbirt, AD gezogen und so weit verlängert, bis diese Linie die Peripherie in E durchschneidet. Zieht man sodann die Radien CA und AB, so ist CA = AB, CD = BD, DA = DA; folglich das Dreieck CDA dem Dreieck ADB congruent (SSS); also auch der Winkel CDA dem Winkel ADB gleich, mithin steht AD auf CB perpendikulär und es ist nach §. 8. der Winkel CAD = BAD, BE = EC und der Ausschnitt ACE dem Ausschnitt AEB gleich.

§. 10. Lehrsatz.

Eine Linie, die in der Mitte einer Sehne winkelrecht errichtet wird, geht durch den Mittelpunkt des Kreises, halbirt also den zu der Sehne gehörigen Mittelpunktswinkel, Bogen und Ausschnitt.

Beweis.

In dem um D beschriebenen Kreise (Fig. 84.) sei die Sehne AB in C halbirt und in C ein Perpendikel errichtet, welches den Kreis in F und G schneidet. Es muß dieses Perpendikel durch D gehen. Denn gesetzt der Mittelpunkt D läge außerhalb GF, so zöge man DC und es wäre auch DC winkelrecht auf AB (§. 9.), was (IV, 11, Anm.) nicht möglich ist. Liegt nun der Mittelpunkt D in dem Perpendikel, so folgt alles übrige im Satze Ausgesprochene aus §. 9.

§. 11. Lehrsatz.

Jede Sehne eines Kreises ist kleiner als der Durchmesser desselben und von zweien Sehnen eines Kreises ist diejenige die kleinere, welche weiter vom Mittelpunkte absteht. Sehnen gleichen Abstandes sind einander gleich. Umgekehrt haben gleiche Sehnen desselben Kreises auch gleichen Abstand vom Mittelpunkte und von ungleichen Sehnen hat die größere auch den kleineren Abstand.

Beweis.

In dem Kreise um A sei (Fig. 85.) die Sehne BC gegeben. Man ziehe den Radius AB und aus A fälle man auf BC das Perpendikel AD; so ist $BD < BA$ (IV, 18.) also auch $2BD < 2AD$ (I, 13.). Es ist aber $2BD$ die Größe der Sehne BC und $2BA$ die Größe des Durchmessers (II, 22.); also ist die Sehne kleiner als der Durchmesser. Ist nun noch eine zweite Sehne EF gegeben, und aus A auf dieselbe das Perpendikel AG gefällt, zugleich auch der Radius AE gezogen; so ist $AE = AB$ und Winkel $AGE = ADB$. Wenn demnach $AG = AD$; so ist auch $EG = BD$ (IV, 23.); also auch $EF = BC$. Ist aber $AG > AD$; so ist auch $AG^2 > AD^2$,

also $AE^2 - AG^2 < AB^2 - AD^2$ (I, 10.), d. h. $EG^2 < BD^2$; also auch $EG < BD$ und $EF < BC$.

Die Umkehrung des Satzes läßt sich leicht nach Art der bisher angewendeten Umkehrungen finden. Hätten gleiche Sehnen ungleiche Entfernungen; so wären sie ungleich, also nicht gleich; hätte die größere Sehne die größere Entfernung, so wäre sie nicht die größere, sondern die kleinere ꝛc.

§. 12. Aufgabe.

In einen gegebenen Kreis von einem gegebenen Punkte der Peripherie aus eine gegebene gerade Linie, die kleiner als der Durchmesser desselben ist, als Sehne einzutragen.

Auflösung.

Es sei ein Kreis um A (Fig. 86.) mit dem Durchmesser BC und eine Linie DE gegeben, welche kleiner als BC ist und als Sehne von dem Punkte B aus in den Kreis eingetragen werden soll.

Man schneide von BC ein Stück $BF = DE$ ab und beschreibe um B mit dem Radius BF einen Kreis, der die Peripherie des Kreises um A zweimal schneiden muß (II, 21. und IV, 6.). Zieht man nach einem der entstandenen Durchschnittspunkte, z. B. nach G die Linie BG; so ist BG = DE Sehne des Kreises.

Beweis.

Es ist BG = BF (II, 22.) und da BF = DE; so ist auch BG = DE.

§. 13. Aufgabe.

Den Mittelpunkt eines gegebenen Kreises zu finden.

Auflösung.

Es sei (Fig. 84.) der Kreis AFBG gegeben, dessen Mittelpunkt gefunden werden soll. Man ziehe beliebig die Sehne AB, halbire dieselbe in C und errichte in C ein Perpendikel auf AB (IV, 11.), welches die Peripherie in G und F trifft. Man halbire sodann GF in D; so ist D der Mittelpunkt des Kreises.

Beweis.

Die Linie GF muß durch den Mittelpunkt gehen (§. 10.); also ist GF ein Durchmesser; folglich ist, da GD = FD, auch D der Mittelpunkt des Kreises.

§. 14. Aufgabe.

Durch drei Punkte, die nicht in derselben geraden Linie liegen, einen Kreis zu beschreiben.

Auflösung.

Es seien (Fig. 87.) die drei Punkte A, B, C, nicht in gerader Linie liegend, gegeben, durch welche ein Kreis beschrieben werden soll.

Man verbinde A mit B, B mit C und halbire AB in D, BC in E; sodann errichte man in D auf AB ein Perpendikel und ebenso in E auf BC ein Perpendikel. Beide Perpendikel müssen sich, gehörig verlängert, einmal schneiden. Denn wären sie parallel; so müßten auch die Linien AB und BC entweder eine gerade Linie bilden, oder parallel sein. Der Durchschnittspunkt sei F. Zieht man nun FA und beschreibt mit FA einen Kreis, so wird dieser auch durch B und C gehen.

Beweis.

Man ziehe BF und CF; so ist FD = FD, DA = DB und der Winkel FDA = FDB; mithin ist das Dreieck FDA dem Dreieck FDB congruent (SWS); also FA = FB; folglich liegt B in dem mit FA um F beschriebenen Kreise (III, 3.). Eben so ist FE = FE, EB = EC und Winkel FEB = FEC; also auch das Dreieck

FEB dem Dreieck FEC congruent, also FC = FB. Nun war AF = FB; also ist auch FC = FA (I, 4.). Es liegt also auch C in dem um F mit dem Radius FA beschriebenen Kreise.

Anm. Daß durch drei Punkte, die in einer geraden Linie liegen, kein Kreis beschrieben werden kann und daß durch drei Punkte, die nicht in einer geraden Linie liegen nur ein Kreis beschrieben werden kann, geht sehr einfach aus den Sätzen IV, 17. und IV, 8, 1. hervor.

§. 15. Lehrsatz.

Ein Peripheriewinkel ist halb so groß wie ein Centriwinkel, der in demselben oder in einem gleichen Kreise auf demselben oder auf einem gleichen Bogen steht.

Beweis.

Es sei (Fig. 88.) in dem Kreise um A der Peripheriewinkel BDC und auf demselben Bogen auch der Centriwinkel BAC gegeben, und zwar sei die Lage des Peripheriewinkels eine solche, daß der Mittelpunkt A auf einem Schenkel desselben, auf BD, liegt; so ist AD = AC; also Winkel ADC = ACD (IV, 8, 1.); da nun BAC = ADC + ACD ist (V, 10.); so ist auch BAC = 2 ADC. Es ist also der Peripheriewinkel BDC die Hälfte des Centriwinkels BAC, der mit ihm auf demselben Bogen BC steht.

Ist ferner der Peripheriewinkel CDE gegeben, zwischen dessen Schenkeln der Mittelpunkt A liegt, und der zugehörige Centriwinkel CAE; so ziehe man DA und vollende den Durchmesser DB; so ist mit Anwendung des Beweises für den ersten Fall BAE = 2 BDE und BAC = 2 BDC, folglich EAC = 2 EDC (I, 16.). Es ist also auch in diesem Falle der Peripheriewinkel halb so groß wie der Centriwinkel, der mit ihm auf demselben Bogen steht.

Ist endlich der Peripheriewinkel EDF gegeben, außer dessen Schenkeln der Mittelpunkt A liegt; so ziehe man ebenfalls durch D den Durchmesser DAB; so ist wiederum zufolge des ersten Falles EAB = 2 EDB und FAB = 2 FDB, mithin (I, 17.) FAE = 2 FDE. Also auch in diesem Falle wird der Peripheriewinkel halb so groß sein, wie der Centriwinkel auf demselben Bogen.

Da nun jeder andere Centriwinkel, der in demselben oder in einem gleichen Kreise auf einem Bogen steht, der die Größe des Bogens BC hat, dem Winkel BAC gleich ist (§. 6.); so ist auch der Peripheriewinkel BDC in jedem Falle halb so groß, wie ein solcher Centriwinkel.

Aus Vergleichung dieses Satzes mit den Sätzen von den Centriwinkeln ergeben sich leicht folgende

Zusätze.

a) Zwei Peripheriewinkel auf gleichen Bogen in demselben oder in gleichen Kreisen sind einander gleich, und zu gleichen Bogen gehören in demselben oder in gleichen Kreisen gleiche Peripheriewinkel.

b) Eben so gehört zu dem größeren Bogen ein größerer Peripheriewinkel und zu dem größeren Peripheriewinkel ein größerer Bogen.

c) Der Peripheriewinkel im Halbkreise ist ein rechter Winkel und der Peripheriewinkel im größeren Abschnitte ein spitzer, der im kleineren ein stumpfer.

d) Zwei Abschnittswinkel, die zu derselben Sehne, aber zu den verschiedenen Abschnitten gehören, ergänzen sich zu zwei rechten.

Da nämlich jede zwei Centriwinkel auf gleichen Bogen gleich sind, so müssen es auch Peripheriewinkel auf gleichen Bogen, als Hälften solcher Centriwinkel, sein (I, 14.). Da ferner zum größeren Bogen auch der größere Centriwinkel gehört (§. 4.); so gehört auch zum größeren Bogen der größere Peripheriewinkel (I. 15.).

Da endlich der Centriwinkel auf dem halben Halbkreise ein rechter Winkel (VIII, 6. Anmerk.) ist; so ist der Peripheriewinkel auf dem halben Halbkreise ein halber rechter Winkel, also der Peripheriewinkel auf einem ganzen Halbkreise oder in einem Halbkreise ein ganzer rechter, und jeder auf einem größeren Bogen, als der Halbkreis, also in einem kleinern Abschnitte stehende, größer als ein rechter, d. h. ein stumpfer Winkel, jeder aber auf einem kleineren Bogen als der Halbkreis, d. h. in dem größeren Abschnitt, stehende Peripheriewinkel muß kleiner als ein rechter d. h. ein spitzer sein.

Bildet aber eine Sehne zwei Abschnitte; so ist der Bogen des einen Abschnittes gerade um so viel größer als der Halbkreis, um wie viel der andere kleiner ist. Dem einen Peripheriewinkel (im größeren Abschnitte) fehlt also gerade so viel zu einem rechten Winkel, als der andere (im kleineren Abschnitte) mehr hat. Daher betragen beide zusammen zwei rechte.

Der letzte Satz wird auch oft so ausgesprochen:

Zusatz.

Die Gegenwinkel eines Kreissehnenvierecks betragen zusammen zwei Rechte.

§. 16. Lehrsatz.

Wenn zwei Sehnen sich innerhalb eines Kreises durchschneiden, so ist jeder von den zwei dadurch entstandenen Vertikalwinkeln so groß wie zwei Peripheriewinkel auf den eingeschlossenen Bogen zusammengenommen. Schneiden sich zwei Sehnen außerhalb; so ist der Winkel so groß wie der Unterschied der beiden Peripheriewinkel auf den eingeschlossenen Bogen.

Beweis.

Die beiden Sehnen AB, CD (Fig. 89.) schneiden sich in E innerhalb des Kreises ACBD und die Schenkel der Vertikalwinkel AED und CEB schließen die Bogen AD und CB ein. Es ist aber jeder dieser Vertikalwinkel AED = CEB = ACE + CAE (V, 10.); ACE = ACD ist aber der Peripheriewinkel auf AD und CAE = CAB der Peripheriewinkel auf CB; folglich ist AED den beiden Peripheriewinkeln auf AD und CB zusammengenommen gleich.

Die beiden Sehnen AC und DB schneiden sich außerhalb des Kreises ACBD in F und die Schenkel des Winkels AFD schließen die Bogen AD und CB ein. Es ist aber Winkel ABD = FAB + AFB; also ABD — FAB = AFB = AFD. Nun ist ABD der Peripheriewinkel auf AD, FAB = CAB der Peripheriewinkel auf CB; also ist der Winkel AFD dem Unterschiede der Peripheriewinkel auf AD und CB gleich.

§. 17. Erklärung.

Eine gerade Linie, welche ganz außerhalb eines Kreises liegt und mit der Peripherie desselben nur einen einzigen Punkt gemein hat, heißt Tangente des Kreises. Der Punkt, welchen eine Tangente mit dem Kreise gemein hat, heißt Berührungspunkt.

§. 18. Lehrsatz.

Eine Linie, die im äußersten Endpunkte auf dem Radius eines Kreises winkelrecht steht, ist eine Tangente.

Beweis.

An einem Kreise um A (Fig. 90.) sei auf dem Radius AB im äußeren Endpunkte B ein Perpendikel CB errichtet. Es soll bewiesen werden, daß außer

B alle Punkte dieser Linie, welche über B hinaus nach D hin verlängert werden kann, ganz außerhalb der Peripherie des Kreises liegen.

Da AB (IV, 18.) die kürzeste Linie ist, welche von A auf CD gefällt werden kann; so hat jeder andere Punkt der Linie CD, außer B, von A eine Entfernung, die größer als AB ist; jeder andere Punkt, außer B, liegt also außerhalb des Kreises (III, 4.). Mithin ist CD eine Tangente und B der Berührungspunkt.

§. 19. Lehrsatz.

Die Linie, welche den Mittelpunkt eines Kreises mit dem Berührungspunkte einer Tangente desselben verbindet, steht winkelrecht auf der Tangente.

Beweis.

An dem Kreise um A (Fig. 90.) befinde sich die Tangente CD und der Berührungspunkt B sei mit A durch die gerade Linie AB verbunden. Es soll AB perpendikulär auf BC stehen. Wäre dies nicht der Fall, so ließe sich aus A auf CD ein Perpendikel fällen, das nothwendig kürzer als AB wäre (IV, 18.). Der Durchschnittspunkt dieses Perpendikels mit BC läge also innerhalb des Kreises um A (III, 4.), was unmöglich ist; wenn BC eine Tangente und D der Berührungspunkt sein soll. Es kann also keine andere Linie außer AD ein Perpendikel sein; folglich ist AD ein Perpendikel auf BC.

§. 20. Lehrsatz.

Ein Perpendikel, im Berührungspunkte auf einer Tangente errichtet, geht durch den Mittelpunkt des Kreises.

Beweis.

Es sei in dem Berührungspunkte B (Fig. 90.) auf der Tangente CD eines um A beschriebenen Kreises ein Perpendikel errichtet. Es ist zu zeigen, daß es durch den Mittelpunkt A geht. Läge A nicht in diesem Perpendikel, so würde die von A nach B gezogene Linie ein zweites Perpendikel auf CD in einem und demselben Punkte B sein (§. 18.), was unmöglich ist (IV, 11. Anm.). Folglich muß das Perpendikel auf CD in B durch A gehen.

§. 21. Aufgabe.

In einem Punkte der Peripherie eines Kreises eine Tangente an denselben zu legen.

Auflösung.

Es sei (Fig. 90.) in der Peripherie des Kreises um A ein Punkt B gegeben, in welchem eine Tangente an den Kreis gelegt werden soll. Man ziehe den Radius AB und errichte in B das Perpendikel CB, welches nach D verlängert werden kann, so ist CD die gesuchte Tangente.

Beweis.

Da BC auf dem äußeren Endpunkte des Radius AB winkelrecht steht, so ist es eine Tangente (§. 18.).

Anm. An einen Punkt der Peripherie eines Kreises kann nur eine Tangente angelegt werden; weil sonst eine und dieselbe Linie, nämlich die Verbindungslinie des Mittelpunktes mit dem gemeinschaftlichen Berührungspunkt, mit jeder der Tangenten einen rechten Winkel bilden müßte: was unmöglich ist (IV, 1. Anm.).

§. 22. Aufgabe.

Von einem außerhalb eines Kreises gegebenen Punkte eine Tangente an denselben zu legen.

Auflösung.

Es sei (Fig. 91.) außerhalb des Kreises um A ein Punkt B gegeben, von welchem aus eine Tangente an den Kreis gelegt werden soll.

Man ziehe AB und halbire diese Linie in C, beschreibe mit CA einen Kreis der die Peripherie des gegebenen in zwei Punkten durchschneiden muß. Dies geschehe in D und E. Zieht man BD, so ist dies eine Tangente an dem Kreise um A.

Beweis.

Man ziehe DA; so ist ADB ein rechter Winkel (§. 15. c.), folglich ist BD eine Tangente (§. 18).

Anm. Derselbe Beweis läßt sich auch für den Punkt E und die Linie BE führen, daß aber außer diesen beiden Tangenten keine dritte aus dem Punkte B möglich ist, sieht man leicht ein; da jede Linie, die den Winkel DBE theilt, die Kreislinie zweimal schneiden muß, jede andere aus B gezogene den Kreis aber gar nicht treffen kann.

Wenn man die beiden Tangenten BD und BE, und die Radien AD und AE zieht; so ergiebt sich leicht aus der Congruenz der Dreiecke ADB und AEB der

Zusatz.

Wenn man von einem Punkte außerhalb eines Kreises

zwei Tangenten an denselben zieht, so sind diese, von ihrem Durchschnittspunkte bis zu ihren Berührungspunkten gerechnet, einander gleich.

§. 23. Lehrsatz.

Der Winkel, den eine Tangente im Berührungspunkt mit einer Sehne des Kreises einschließt, ist dem Peripheriewinkel des außer seinen Schenkeln liegenden Abschnittes gleich.

Beweis.

Wenn die Tangente AB (Fig. 92.) in dem Berührungspunkte C mit der Sehne DC die Winkel DCB und DCA bildet; so soll DCB dem Peripheriewinkel des Abschnitts DHC und DCA dem Peripheriewinkel des Abschnitts DGC gleich sein. Man ziehe den Radius EC und aus dem Mittelpunkt E auf die Sehne das Perpendikel EF, das, verlängert, den Bogen DGC in G und den Bogen DHC in H halbirt (§. 7.). Nun ist DCB = ECB — ECF = R — ECF, eben so ist FEC = CFG — ECF; da CFG = FEC + ECF ist (V, 10.). Es ist also auch FEC = R — ECF, also ist DCB = CEG. Es ist aber CEG als Centriwinkel auf dem Bogen CG d. h. auf der Hälfte des Bogens CD, dem Peripheriewinkel auf diesem ganzen Bogen, also einem Winkel im Abschnitte CHD gleich (§. 15.). Folglich ist auch DCB einem Winkel in diesem Abschnitte gleich.

Da ferner ACD = ACE + ECF = R + ECF und auch HEC = EFC + ECE = R + ECF, so ist auch ACF = HEC. HEC ist aber als Centriwinkel auf HC, d. h. auf der Hälfte von DC, dem Peripheriewinkel auf DHC d. h. dem Abschnittswinkel im Abschnitte DGC gleich. Es ist also auch der Winkel DCA dem Peripheriewinkel im Abschnitte DGC gleich.

Anm. Wenn die Sehne CD ein Durchmesser ist; so fallen die Punkte E und F zusammen. Es ist dann sowohl DCB als auch DCA = R; der Abschnittswinkel zu beiden Seiten ist aber auch ein rechter Winkel (§. 15. c.)

§. 24. Zusatz.

Der Winkel, den eine Tangente mit der Verlängerung einer Sehne einschließt, ist dem Unterschiede der Peripheriewinkel gleich, die auf den eingeschlossenen Bogen stehen.

Beweis.

Die Tangente BAE (Fig. 93.) schneidet sich in B mit der verlängerten Sehne DC. Es ist Winkel DAE = ABD + ADB; also DAE — ADB = ABD = EBD.

Es ist aber DAE einem Peripheriewinkel auf dem Bogen AD (§. 23.) und ADB = ADC einem Peripheriewinkel auf dem Bogen AC gleich; folglich ist ABD der Unterschied der beiden Peripheriewinkel, die auf den Bogen AD und AC stehen. Was zu beweisen war.

§. 25. Lehrsatz.

Wenn zwei Sehnen eines Kreises sich innerhalb desselben in einem Punkte durchschneiden; so ist das Rechteck unter den Abschnitten der einen Sehne dem Rechtecke unter den Abschnitten der anderen gleich.

Beweis.

Es sei (Fig. 94.) ein Kreis um M gegeben, dessen Sehnen AB und CD sich im Punkte E innerhalb des Kreises durchschneiden. Es soll Rechteck AE.EB = CE.ED sein.

Man ziehe die Gerade ME, welche über E hinaus bis F und über M hinaus bis G verlängert den Durchmesser FG bildet, fälle auf AB von M aus das Perpendikel MH, wodurch AH = HB wird (VIII, 7.) und ziehe den Radius MB.

Es ist nun $MB^2 = MH^2 + HB^2$ (VI, 23.),

$MB^2 = MH^2 + HE^2 + AE.EB$ (VI, 21.)

$MB^2 = ME^2 + AE.EB$ (VI, 23.).

Es ist aber auch $MF^2 = ME^2 + FE.EG$ (VI, 21.) und

$MF^2 = MB^2$, weil $MF = MB$ (VI, 6. Zus.);

daher auch $ME^2 + AE.EB = ME^2 + FE.EG$ (I, 4.)

und $AE.EB = FE.EG$ (I, 8.).

In gleicher Weise läßt sich zeigen, daß

$CE.ED = FE.EG$ ist. Daraus

folgt endlich $AE.EB = CE.ED$. Was zu beweisen war.

Anm. Daß dieser Satz auch auf zwei sich durchschneidende Durchmesser Anwendung findet, ist leicht zu übersehen. Daß er auch zum Beweise für die im VI. Abschnitte §. 27 gegebene Auflösung dienen könne, wenn beide Sehnen sich senkrecht durchschneiden, ist gleichfalls leicht erkenntlich.

§. 26. Lehrsatz.

Wenn zwei Sehnen sich, verlängert, in einem Punkte außerhalb des Kreises durchschneiden; so ist das Rechteck unter den

von dem Durchschnittspunkte aus gerechneten Abschnitten der einen Sehne dem Rechteck unter den eben so gerechneten Abschnitten der anderen Sehne gleich.

Beweis.

In dem Kreise um M (Fig. 95.) durchschneide die Sehne AB, über B hinaus verlängert, sich mit der Verlängerung der Sehne CD über C hinaus in E. Es soll bewiesen werden, daß Rechteck AE.EB = CE.ED ist.

Man ziehe EM, welche Linie, verlängert, den Kreis in F und G schneidet, und fälle von M auf AB das Perpendikel MH und ziehe MB; so ist

$ME^2 = MH^2 + HE^2$ (VI, 23.),

$ME^2 = MH^2 + HB^2 + AE.EB$ (VI, 22.),

$ME^2 = MB^2 + AE.EB$ (VI, 23.),

$ME^2 = MF^2 + AE.EB$ (I, 3.).

Es ist aber auch $ME^2 = MF^2 + FE.EG$ (VI, 22.),

also $MF^2 + AE.EB = MF^2 + FE.EG$ (I, 3.);

und endlich $AE.EB = FE.EG$ (I, 8.).

Auf dieselbe Weise läßt sich zeigen, daß

$EC.ED = EF.EG$. Hieraus folgt endlich

$EB.EA = EC.ED$ (I, 4.). Was zu beweisen war.

§. 27. Lehrsatz.

Wenn die Verlängerung der Sehne eines Kreises sich mit einer Tangente durchschneidet; so ist das Quadrat der Tangente zwischen dem Durchschnittspunkte und Berührungspunkte dem Rechtecke unter den vom Durchschnittspunkte aus gerechneten Abschnitten der Sehne gleich.

Beweis.

An dem Kreise um M (Fig. 96.) sei durch den Punkt der Peripherie A die Tangente AE gezogen, welche im Punkte E von der Verlängerung der Sehne CD über D hinaus durchschnitten wird. Es ist zu zeigen, daß $AE^2 = CE.ED$ ist.

Man ziehe EM, welche verlängert den Kreis in F und G schneidet, und ziehe MA; so ist MAE = R (VIII, 19.).

Es ist also $ME^2 = MA^2 + AE^2$ (VI, 23.),

$ME^2 = MF^2 + AE^2$ (I, 3.);

eben so ist $ME^2 = MF^2 + FE.EG$ (VI. 22.),

also ist $MF^2 + AE^2 = MF^2 + FE.EG$ (I, 3.)

und $AE^2 = FE.EG$ (I, 8.).

Es ist aber $FE.EG = CE.ED$ (VIII, 26.);

also auch $AE^2 = GE.ED$ (I, 3.). Was zu beweisen war.

Anm. Der Zusammenhang der drei letzten Sätze dieses Abschnittes ist leicht zu erkennen. Man macht sich denselben anschaulich; wenn man sich zwei Linien vorstellt, die im Mittelpunkte eines Kreises zusammentreffen, und dann die eine derselben stets parallel mit ihrer frühern Lage fortbewegt, bis sie zuletzt den Kreis nur noch berührt. In jeder Lage derselben findet eine Anwendung eines dieser Sätze statt.

§. 28.

Schlußbemerkungen zum VIII. Abschnitt.

A. Mehrere Sätze dieses Abschnittes sind einer Umkehrung fähig, die sich jederzeit leicht durch indirekte Schlüsse beweisen läßt. Wir führen diese Sätze hier auf und überlassen die Ausführung der indirekten Beweise dem Nachdenken des Lernenden.

1. (Umkehrung zu VIII, 15a.) Wenn zwei oder mehr Dreiecke über derselben Grundlinie, nach einer Seite hin liegend, gleiche Winkel an der Spitze haben; so liegen alle ihre Eckpunkte in demselben Kreise.

Es bedarf nur des Beweises für zwei Dreiecke. Durch die drei Eckpunkte des einen derselben läßt sich ein Kreis legen, dieser geht an sich schon durch zwei Eckpunkte des anderen Kreises. Man zeigt durch indirekte Schlüsse, daß er auch durch den dritten Eckpunkt geht. Wäre dies nicht der Fall; so müßte er die an einem Endpunkte der Grundlinie anliegende Seite des Dreiecks oder deren Verlängerung nicht in der Dreiecksspitze, sondern in einem davon verschiedenen Punkte schneiden. Nach diesem Punkte zöge man eine Sehne von dem andern Endpunkte aus, und erhielte ein neues Dreieck über derselben Grundlinie, das nach VIII. 15,a. denselben Winkel an der Spitze haben müßte, wie das vorige. Beide Winkel können aber nicht gleich sein; weil der eine Außenwinkel eines Dreiecks ist, in welchem der andere sein innerer Gegenwinkel ist.

2. (Umkehrung zu VIII, 15d.) Wenn in einem Viereck zwei Gegenwinkel zusammen so groß sind wie zwei rechte Winkel; so läßt sich durch die vier Eckpunkte ein Kreis beschreiben.

Durch drei Eckpunkte eines solchen Vierecks läßt sich ein Kreis beschreiben. Man zeigt, daß dieser auch durch den vierten gehen muß. Geschähe dies nicht; so läge der vierte Eckpunkt entweder innerhalb oder außerhalb des Kreises. Im ersten Falle könnte man eine Seite des Vierecks über diesen Eckpunkt hinaus bis zum Umfange des Kreises verlängern. Dann hätte man drei Seiten eines Kreissehnen-Vierecks, dessen vierte Seite man ziehen müßte; der neu entstandene Peripheriewinkel wäre nun der Gegenwinkel eines Winkels im gegebenen Viereck, mit welchem er sich auch zu zweien rechten ergänzte. In der Figur ist aber schon ein Winkel, der sich mit dem Gegenwinkel dieses Peripheriewinkels im Viereck nach der Annahme zu zweien rechten ergänzt. Diesem Winkel müßte demnach der Peripheriewinkel gleich sein. Es ist aber der innere Winkel eines Dreiecks zu welchem jener andere Winkel, dem er gleich sein soll, der äußere Gegenwinkel ist. Die Winkel können daher nicht gleich sein. Der vierte Eckpunkt kann also nicht innerhalb des Kreises liegen. Daß er nicht außerhalb liegen kann, wird in ähnlicher Weise gezeigt.

3. (Umkehrung zu VIII, 23.) Wenn an einer Seite eines Dreiecks nach Außen hin in einem Eckpunkte ein Winkel anliegt, der dem inneren Gegenwinkel dieser Seite im Dreieck gleich ist; so ist der außerhalb des Dreiecks liegende Schenkel dieses Winkels eine Tangente des Kreises, der durch die Eckpunkte des Dreiecks geht.

4. (Umkehrung zu VIII, 25.) Wenn die Abschnitte zweier sich schneidenden Linien, vom Durchschnittspunkte aus gerechnet, so beschaffen sind, daß das Rechteck unter den Abschnitten der einen Linie dem Rechtecke unter den Abschnitten der anderen Linie gleich ist; so läßt sich durch die Endpunkte der Abschnitte ein Kreis beschreiben.

Durch drei dieser Endpunkte läßt sich ein Kreis beschreiben. Dieser muß durch den vierten gehen. Geschähe dies nicht; so läge der vierte Endpunkt entweder innerhalb oder außerhalb des Kreises. Läge er innerhalb; so könnte man den Linienabschnitt, den er begrenzt, bis zur Peripherie verlängern. Der verlängerte Abschnitt wäre dann größer als zuvor, und sollte doch mit dem Abschnitt der zu derselben Linie gehört, ein Rechteck bilden, das dieselbe Fläche hat, was unmöglich ist. Der Endpunkt des vierten Abschnittes kann also nicht innerhalb des Kreises liegen. In ähnlicher Weise zeigt man, daß er auch nicht außerhalb liegen kann. Er liegt also auf der Peripherie.

5. (Umkehrung zu VIII, 26.) Wenn auf jedem Schenkel eines Winkels, vom Scheitelpunkte aus gerechnet, zwei Abschnitte

solcher Länge liegen, daß das Rechteck unter den Abschnitten des einen Schenkels gleich ist dem Rechtecke unter den Abschnitten des anderen Schenkels; so läßt sich durch die vier auf den Schenkeln liegenden Endpunkte dieser Abschnitte ein Kreis legen.

6. (Umkehrung zu VIII, 27.) Wenn auf einem Schenkel eines Winkels zwei Abschnitte liegen und auf dem anderen Schenkel ein Abschnitt, dessen Quadrat dem Rechtecke unter den Abschnitten des anderen Schenkels gleich ist; so ist dieser eine Abschnitt des einen Schenkels Tangente desjenigen Kreises der durch die drei Endpunkte dieser Abschnitte gelegt ist.

B. Außer den Berührungen einer geraden Linie und einer krummen, wie die des Kreises und der Geraden, die in diesem Abschnitte behandelt ist, kommen in der Geometrie auch Berührungen krummer Linien unter sich in Betracht. Ueber die Kreise gilt in dieser Beziehung Folgendes:

1. Erklärung.

Kreise berühren sich, wenn ihre Umfänge **nur einen** Punkt gemein haben und zwar **von außen**; wenn die Flächen beider Kreise nicht zusammenfallen, **von innen**, wenn die Fläche des kleineren Kreises ganz in die Fläche des größeren fällt.

Es ergeben sich nach dieser Erklärung leicht die zwei Lehrsätze.

2. Lehrsatz.

Zwei Kreise berühren sich von außen, wenn der Abstand ihrer Mittelpunkte so groß ist, wie ihre Radien zusammengenommen.

3. Lehrsatz.

Zwei Kreise berühren sich von innen; wenn der Abstand ihrer Mittelpunkte dem Unterschiede ihrer Radien gleich ist.

Beide Sätze sind nämlich eine leichte Folge von §. 5 des dritten Abschnitts. Auch ergiebt sich leicht der

4. Zusatz.

Zwei oder mehr Kreise, die sich in einem Punkte berühren, haben in diesem Punkte eine gemeinschaftliche gerade Tangente.

Da die Kreislinie in jedem ihrer Punkte eine andere Richtung hat; so giebt die gerade Tangente an jedem Punkte die jedesmalige Richtung der Kreislinie an. Die Richtungen aller Kreise, die sich in einem Punkte berühren, stimmen also in diesem Berührungspunkte mit der Richtung der gemeinschaftlichen Tangente überein.

Neunter Abschnitt.

Von der Theilung des Kreises und von den regelmäßigen Figuren.

§. 1. Aufgabe.

Einen gegebenen Kreisbogen in zwei gleiche Theile zu theilen.

Auflösung.

Gegeben sei der Kreisbogen AB (Fig. 97.), welcher halbirt werden soll. Man ziehe die Sehne AB, halbire diese in C, errichte in dem Theilpunkte C das Perpendikel, welches den Bogen AB in D trifft; so ist Bogen AD = DB.

Beweis.

Da das Perpendikel auf der Mitte einer Sehne den zugehörigen Bogen halbirt (VIII, 10.) so ist AD = DB. Was zu beweisen war.

Anm. 1. Da die Hälfte eines Bogens wieder halbirt, und dieses Verfahren beliebig fortgesetzt werden kann; so läßt sich jeder Bogen in 2, 4, 8, 16 u. s. w. gleiche Bogen theilen, so daß jede neue Eintheilungszahl das Doppelte der vorhergehenden ist. Andere Theilungen eines beliebigen Kreisbogens sind geometrisch nicht möglich. Unter einer geometrischen Construktion versteht man nämlich eine solche, bei welcher nur gerade Linien und Kreise angewendet werden.

Anm. 2. Da sich jeder Theil eines Ganzen angenähert durch Theile desselben

Ganzen ausdrücken läßt, welche durch fortgesetzte Halbirung entstehen; so ist die angenäherte Darstellung eines jeden Theiles eines Bogens durch geometrische Construction möglich, und zwar läßt sich die Annäherung jederzeit bis auf beliebig kleine Unterschiede durchführen.

So ist z. B. $\frac{1}{3} > \frac{1}{4}$ und der Unterschied beträgt $\frac{1}{12}$

$\frac{1}{3} < \frac{3}{8}$ „ „ „ $\frac{1}{24}$

$\frac{1}{3} > \frac{5}{16}$ „ „ „ $\frac{1}{48}$

$\frac{1}{3} < \frac{11}{32}$ „ „ „ $\frac{1}{96}$ u. s. w.

Die Fortsetzung dieser Betrachtung zeigt, daß die Annäherungen an den dritten Theil, welche sich geometrisch construiren lassen, immer weniger von dem gesuchten Drittel abweichen.

§. 2. Aufgabe.

Eine Kreislinie in zwei gleiche Theile zu theilen.

Auflösung.

Man zieht den Durchmesser, so zerlegt dieser die ganze Kreislinie in zwei Halbkreise.

Anm. Da jeder Halbkreis als Kreisbogen betrachtet werden kann; so ergiebt sich aus dieser Auflösung zugleich die Theilung des Kreises in 4, 8, 16, 32 u. s. w. gleiche Theile, wobei jede neue Eintheilungszahl durch Verdoppelung der vorhergehenden entsteht.

§. 3. Aufgabe.

Eine Kreislinie in drei gleiche Theile zu theilen.

Auflösung.

Es sei der Kreis um A (Fig. 98.) in drei gleiche Theile zu theilen.

Man nehme auf dem Umfange desselben beliebig den Punkt B an, ziehe den Durchmesser BC und beschreibe mit dem Radius BA um B einen Kreis, der den gegebenen in D und E trifft; so ist der Kreis bei D, C und E in drei gleiche Theile getheilt.

Beweis.

Zieht man die Linien AD, BD; so ist ADB ein gleichseitiges Dreieck (IV, 6.); also Winkel DAB = DBA, ersterer ist Centriwinkel auf dem Bogen DB, letzterer Peripheriewinkel auf dem Bogen DC; also ist Bogen DC doppelt so groß als DB (VIII, 15.).

Eben so wird gezeigt, daß Bogen CE das Doppelte von EB ist. Endlich ergiebt sich leicht, daß Bogen DBE das Doppelte von DB ist. Es ist daher DC = DE = EC. Was zu beweisen war.

Da Bogen BD die Hälfte des dritten Theils, BE also der sechste Theil des ganzen Kreises und BD = BA die Sehne dieses Bogens ist; so erhellet leicht der

Zusatz.

Der Radius eines Kreises ist die Sehne zum sechsten Theil seines Umfanges.

Anm. Durch fortgesetzte Halbirungen der erhaltenen Theile ist es möglich den Kreis in 6, 12, 24, 48, 96, 192, 384 u. s. w. gleiche Theile zu theilen.

§. 4. Aufgabe.

Eine Kreislinie in fünf gleiche Theile zu theilen.

Auflösung.

Es sei (Fig. 99.) der Kreis um A in fünf gleiche Theile zu theilen.

Man wähle auf dem Umfange desselben beliebig den Punkt B, ziehe den Durchmesser BC, theile den Radius BA nach dem goldenen Schnitt, so daß $BD^2 = BA.AD$ wird (VI, 28.), beschreibe mit dem Radius BD um B einen Kreis, der den gegebenen in E und F schneidet, ziehe die Radien AE und AF, welche den Kreis um B in G und H durchschneiden müssen; da AEB = ABE (IV, 8.) ein spitzer Winkel (IV, 13. Zus.) sein muß, die Linie AE also zwischen dem Radius BE und der Tangente in E liegt, und sich ähnliches von der Linie AF beweisen läßt. Dann ziehe man von B durch G und H die Sehnen des gegebenen Kreises BK und BL; so ist der Kreis um A bei den Punkten E, F, L, C, K in fünf gleiche Theile getheilt.

Beweis.

Man verlängere DB über B hinaus bis zum Punkte M im Umfange des Kreises um B. Dann ist

$AE.AG = AD.AM$ (VIII, 26.),

$AE.AG = AD.AB + AD.BM$ (IV, 14, 2.),

$AE.AG = BD^2 + AD.BD$ (I, 3.),

$AE.AG = BD.BA$ (VI, 14, 2.),

$AE.AG = BD.AE$. Hieraus folgt:

$AG = BD$, also $AG = BG$,

Winkel $KBC = EAB$,

Bogen $KC = 2$ Bogen EB.

Ferner ist Winkel BGE = GAB + GDA (V, 10.),
BGE = 2 GBA (IV, 8, a.),
GEB = 2 GBA,
EBC = 2 CBK,
EBK = CBK;
daher auch Bogen KE = 2 Bogen BE.

Da nun auch Bogen EF = 2 Bogen BE ist; so ist auch Bogen CK = KE = EF. Eben so läßt sich zeigen, daß CL = LF = FE ist. Es ist also der Kreis um A in die fünf gleichen Bogen EF, FL, LC, CK, KE getheilt. Was zu beweisen war.

Da der Bogen BE die Hälfte des Bogens EF, also der zehnte Theil des Kreisumfanges um A, und die Sehne BE = BD ist; so ergiebt sich der

a. Zusatz.

Der größere Abschnitt des nach dem goldenen Schnitt getheilten Radius ist die Sehne zum zehnten Theil des Kreisumfanges.

Anm. 1. Durch fortgesetzte Halbirungen der erhaltenen Kreisbogen ist es möglich, den Kreis in 10, 20, 40, 80, 160, 320, 640 ꝛc. gleiche Theile zu theilen.

Anm. 2. Zwischen den Sehnen zum fünften, sechsten und zehnten Theil eines Kreises findet sich eine sehr einfache Beziehung, die folgender Lehrsatz ausspricht:

b. Lehrsatz.

Die Sehne eines Fünftelkreises ist die Hypotenuse eines rechtwinkligen Dreiecks, in welchem die Sehnen des Sechstel- und Zehntelkreises die Katheten sind.

Beweis.

In dem Kreise um A (Fig. 100.) sei AB der Radius, d. i. die Sechstelsehne, BC die Fünftelsehne, BD die Zehntelsehne. Es läßt sich zeigen, daß $BC^2 = BA^2 + BD^2$ ist.

Man ziehe noch den Radius AD und fälle von C auf AB das Perpendikel CF, trage auf FB von B aus das Stück FE = FA ab, ziehe CE; so ist CEA ein gleichschenkliges Dreieck. Darin ist der Winkel CAB = $\frac{4}{5}$R, also auch CEA = $\frac{4}{5}$R. Mithin ist ECA = $\frac{2}{5}$R. Es ist aber auch BAD = $\frac{2}{5}$R, also ist Winkel ECA = BAD und Dreieck ECA ≅ BAD, also EA = BD. Theilt man daher den Radius BA nach dem goldenen Schnitt; so ist AE der größere Abschnitt; also $EA^2 = AB.BE$.

Es ist nun in dem Dreieck CAB (VI, 25.);

$$CB^2 = AC^2 + AB^2 - 2\,BA.AF,$$
$$CB^2 = AC^2 + AB\,(AB - 2\,AF),$$
$$CB^2 = AC^2 + AB\,(AB - AE),$$
$$CB^2 = AC^2 + AB.BE,$$
$$CB^2 = AC^2 + AE^2,$$
$$CB^2 = AB^2 + BD^2.$$ Was zu beweisen war.

Hieraus ergiebt sich

c. Eine einfache Construction der Fünftel- und Zehntelsehne.

Man ziehe (Fig. 101.) in dem Kreise um C den Durchmesser AB, halbire den Radius CB in E, errichte in C auf AB den perpendikulären Radius CD und ziehe DE, beschreibe dann um E mit ED einen Kreis, der den Durchmesser AB in F trifft, ziehe DF; so ist DF die Sehne des fünften, DC die des sechsten und FC die des zehnten Theiles der Kreislinie um C.

Schneidet man nämlich von E aus auf ED das Stück $EG = EC = \frac{1}{2}CD$ ab; so ist DG (nach VI, 28.) der größere Abschnitt des nach dem goldenen Schnitt getheilten Radius DC. Da nun FE = DE und CE = GE; so ist FC = DG die Sehne zum zehnten Theil der Peripherie (§. 4, Zus.), und da DC als Radius die Sehne des sechsten Theils, DCF aber ein rechter Winkel ist; so ist DF die Sehne zum fünften Theil. Denn es ist $DF^2 = DC^2 + CF^2$.

§. 5. Aufgabe.

Eine Kreislinie in 15 gleiche Theile zu theilen.

Auflösung.

Es sei der Kreis um A (Fig. 102.) in 15 gleiche Theile zu theilen. Man nehme auf dem Umfange beliebig den Punkt B an, ziehe den Radius BA, theile denselben nach dem goldenen Schnitt in C; so daß BC der größere Abschnitt wird. Dann beschreibe man einen Kreis mit dem Radius BA, der den Umfang des gegebenen in D trifft, und einen zweiten mit dem Radius BC, der den gegebenen auf derselben Seite von B aus in E trifft. Darauf ziehe man die Sehne DE; so läßt sich diese 15mal in die Peripherie des Kreises um A einlegen.

Beweis.

Es ist Bogen BD der sechste Theil des Kreises (IX, 3. Zus.), er enthält also 5 Dreißigstel der Peripherie. Bogen BE ist der zehnte Theil des Kreises (IX, 4. Zus.), enthält also 3 Dreißigstel. Folglich enthält der Bogen ED, als Unterschied von

BD und BE, zwei Dreißigstel des Umfanges, welche zusammen ein Funfzehntheil betragen; da also der Bogen ED funfzehnmal in der Peripherie enthalten ist; so läßt sich auch die Gerade ED 15mal als Sehne in den Kreis einlegen.

Anm. 1. Durch fortgesetzte Halbirung der erhaltenen Bogen ist es möglich, den Kreis in 30, 60, 120, 240, 480 ꝛc. gleiche Theile zu theilen.

Anm. 2. Die hier durchgeführten Sätze über die Theilung des Kreises erschöpfen das Gebiet dessen, was in dieser Beziehung durch geometrische Construction möglich ist, zwar nicht ganz, enthalten aber die nicht zu sehr verwickelten Fälle. Eine tiefer eingehende Betrachtung lehrt nämlich, daß zunächst noch geometrische Theilungen der Kreislinie in 17 und 257 gleiche Theile möglich sind, die Constructionen selbst würden aber auf große Verwickelungen führen. Es läßt sich aber nachweisen, daß jede Theilung des Kreises geometrisch dargestellt werden kann, wenn die Zahl der Theile sich unter die Form $2^n + 1$ bringen, und zugleich durch keine andere Zahl ohne Rest theilen läßt.

Anm. 3. Die übliche Eintheilung des Kreises in 360 gleiche Theile (Grade) findet sich nicht unter den geometrisch ausführbaren Constructionen. Für die Anwendung der Gradtheilung mit den Unterabtheilungen des Grades in 60 Minuten und der Minute in 60 Secunden, welche zur Winkelmessung durch Transporteur, Astrolabium, Bussole, Theodolit u. s. w. dient, ist dies durchaus ohne Bedeutung, da bei den für die Technik nöthigen Eintheilungen es auf streng geometrische Constructionen nicht ankommt.

§. 6. Erklärung.

Eine geradlinige Figur heißt in einen Kreis eingeschrieben, und der Kreis heißt um die Figur umschrieben, wenn die Seiten der Figur Sehnen des Kreises sind, also sämmtliche Eckpunkte derselben im Umfange des Kreises liegen. Eine Figur heißt um einen Kreis umschrieben, und der Kreis in die Figur eingeschrieben; wenn sämmtliche Seiten der Figur Tangenten des Kreises sind. Geradlinige Figuren, um die sich ein Kreis beschreiben läßt, heißen centrisch nach den Ecken. Geradlinige Figuren, in welche sich ein Kreis einschreiben läßt, heißen centrisch nach den Seiten.

Da durch jede drei Punkte, die nicht in einer geraden Linie liegen, ein Kreis beschrieben werden kann (VIII, 14.), so wird ein Kreis, der durch die drei Winkelspitzen eines Dreiecks geht, um das Dreieck umschrieben und das Dreieck in den Kreis eingeschrieben sein.

§. 7. Aufgabe.

In einen gegebenen Kreis ein Dreieck einzuschreiben, das einem gegebenen winkelgleich ist.

Auflösung.

Es ist (Fig. 103.) das Dreieck ABC gegeben und ein Kreis, in welchen ein Dreieck eingeschrieben werden soll, das winkelgleich mit ABC ist.

Durch einen beliebigen Punkt der Peripherie E lege man die Tangente DF, lege an DE in E einen Winkel GED = CAB und an FE in E einen Winkel HEF = CBA an, und ziehe die Sehne HG; so ist Dreieck GEH winkelgleich mit ACB.

Beweis.

Es ist Winkel EHG = GED (VIII, 23.). Da nun auch GED = CAB; so ist GHE = CAB. Eben so wird gezeigt, daß EGH = CBA ist; also ist GEH winkelgleich mit ABC (V, 10. Zus.). Was zu beweisen war.

§. 8. Aufgabe.

In ein gegebenes Dreieck einen Kreis einzuschreiben.

Auflösung.

Soll (Fig. 104.) in das gegebene Dreieck ABC ein Kreis eingeschrieben werden; so halbire man den Winkel ABC durch die Linie BD und BAC durch AD.

Beide Linien treffen sich (V, 5.) in D. Aus D fälle man auf eine der Seiten, z. B. auf AB, ein Perpendikel (IV, 12.) DE; und beschreibe aus dem Mittelpunkte D mit dem Radius DE einen Kreis; so ist dieser der verlangte in ABC eingeschriebene.

Zum Beweise ziehe man die Perpendikel DF auf BC und DG auf AC; so ist Winkel DEB = DFB (III, 14.), DBE = DBF nach der Construction, und da DB = DB; so ist Dreieck DEB ≅ DBF (WWS); folglich DF = DE. Eben so wird gezeigt, daß DG = DE ist. Der mit dem Radius DE um D beschriebene Kreis geht also durch F und G. Weil aber DEB, DFB, DGA rechte Winkel sind; so berührt der Kreis die Linien AB, BC und AC (VIII, 18.). Er ist also in das Dreieck ABC eingeschrieben.

§. 9. Aufgabe.

Um einen Kreis ein Dreieck zu beschreiben, das einem gegebenen winkelgleich ist.

Auflösung.

Soll (Fig. 105.) um den Kreis, dessen Mittelpunkt D ist, ein Dreieck umschrieben werden, das mit ABC winkelgleich ist; so verlängere man AB über B hinaus bis E und AC über C hinaus bis F und ziehe aus D den beliebigen Radius DG; dann lege man an DG in D den Winkel GDH = CBE und auf der andern Seite GDK = BCF. Legt man nun durch G, H und K Tangenten des Kreises; so schließen diese das verlangte mit ABC winkelgleiche umschriebene Dreieck LMN ein.

Beweis.

Da GDH ein hohler Winkel ist; so ist die gerade Linie GH eine Sehne, und nicht ein Durchmesser, folglich LGH < R, da LGD = R; eben so ist LHG < R, folglich LGH + LHG < 2 R. Es müssen sich daher die in H und G an den Kreis gelegten Tangenten schneiden (V, 5.). Dies geschehe in L. Eben so müssen sich die in G und K an den Kreis gelegten Tangenten schneiden. Dies geschehe in M. Nun betragen die Winkel des Vierecks LGDH zusammen 4 Rechte (VII, 3.); da aber LGD = LHD = R; so ist LGD + LHD = 2 R, also auch GDH + GLH = 2 R; oder GLH = 2 R — GDH = 2 R — EBC = ABC. Eben so wird gezeigt, daß GMK = BCA. Da nun die Winkel HLM + GMK = ABC + BCA; letztere beide aber zusammen kleiner als zwei Rechte sind; so sind auch NLM + NML < 2 R; folglich schneiden sich die durch H und K gelegten Tangenten LH und MK. Dies geschehe in N; dann ist NML winkelgleich mit ABC (V, 10. Zus.).

§. 10. Erklärung.

Eine geradlinige Figur, die nur gleiche Seiten und gleiche Winkel hat, wird eine **regelmäßige Figur** oder ein **reguläres Polygon** genannt. Ein Winkel einer solchen Figur heißt **Polygonwinkel**, eine Seite **Polygonseite**. Alle Polygonseiten vereinigt heißen **Umfang** oder **Perimeter** der Figur.

Die gleichseitigen Dreiecke (IV, 15. Zus.) und Quadrate (VI, 6. Zus.) werden demnach zu den regelmäßigen Figuren gehören.

§. 11. Aufgabe.

In einen gegebenen Kreis ein reguläres Polygon von gegebener Seitenzahl einzuschreiben.

Auflösung.

Soll (Fig. 106.) in den Kreis um A ein reguläres Fünfeck eingeschrieben werden; so theile man die Peripherie desselben in fünf gleiche Theile (IX, 4.) und verbinde je zwei auf einander folgende Theilpunkte B, C, D, E, F durch Sehnen; so schließen diese ein reguläres Fünfeck ein.

Beweis.

Da die Seiten der Figur BC, CD, DE 2c. Sehnen gleicher Bogen sind, so ist BC = CD = EF 2c. (VIII, 6.), die Figur ist also gleichseitig. Da jeder Winkel EFB, FBC, BCD 2c. in einem Bogen steht, der aus zwei Fünftheilen der Peripherie besteht; so ist auch Winkel EFB = FBC = BCD 2c. (VIII, 15.). Die Figur ist also auch gleichwinklig. Mithin ist FBCDE ein reguläres Polygon.

Anm. Wie Auflösung und Beweis bei anderen mehrseitigen Figuren durchgeführt werden müssen und wie erstere von der Möglichkeit der erforderlichen Kreistheilung abhängt, ist leicht einzusehen.

§. 12. Aufgabe.

Um einen gegebenen Kreis eine reguläre Figur von gegebener Seitenzahl zu beschreiben.

Auflösung.

Soll um den Kreis um A (Fig. 107) ein reguläres Fünfeck beschrieben werden; so theile man den Kreis in fünf gleiche Theile, und lege Tangenten durch die Theilpunkte B, C, D, E, F. Diese werden je zwei und zwei sich durchschneiden und ein reguläres Polygon KLMGH einschließen.

Beweis.

Man ziehe die Sehnen BF, BC und die Radien FA, BA, CA; so ist Winkel GBC < R, weil Bogen CB kleiner als der Halbkreis ist. Es ist eben so auch GCB < R; folglich GBC + GCB < 2R; also schneiden sich GB und GC. Dies geschieht in G. Jede zwei auf einander folgenden Tangenten schneiden sich also. Es ist nun ferner Winkel FAB = BAC (VIII, 6.), also auch FHB = BGC (VII, 3.), die Figur ist also gleichwinklig. Da nun ferner HB = HF und GB = GC (VIII, 22. Zus.), so sind die beiden Dreiecke FHB und BGC gleichschenklig (IV, 1.). Da sie aber auch einen gleichen Winkel an der Spitze haben; so sind sie winkelgleich (V, 10. Zus.) und da sie endlich auch in einer gleichliegenden Seite übereinstimmen FB = BC; so sind sie congruent (WSW). Es ist also HB = BG. Eben so wird gezeigt, daß GC = CM. Da also GB = GC; so ist auch GH = GM (I, 12.). Dies läßt sich von jeden zwei anstoßenden Seiten zeigen, also ist die Figur auch gleichseitig. Mithin ist KLMGH ein reguläres Polygon.

Die Auflösung und der Beweis für ein mehr als fünfseitiges Vieleck sind leicht einzusehn.

§. 13. Lehrsatz.

Derjenige Punkt, in welchem sich die Halbirungslinie eines Polygonwinkels und die senkrechte Halbirungslinie einer anstoßenden Polygonseite durchschneiden, ist der Mittelpunkt sowohl eines um das Polygon umschriebenen, als auch eines in das Polygon eingeschriebenen Kreises. Es läßt sich daher sowohl um jedes beliebige reguläre Polygon ein Kreis umschreiben, als auch in jedes beliebige ein Kreis einschreiben.

Beweis.

Es sei (Fig. 108.) das reguläre Sechseck ABCDEF gegeben. Die Halbirungslinie des Polygonwinkels BAF, d. i. die Gerade AG, bildet offenbar mit der Polygonseite AB einen spitzen Winkel; da nun die perpendikuläre Halbirungslinie der Polygonseite AB, d. i. die Gerade KG, bei K einen rechten Winkel mit AK bildet; so müssen sich beide Linien in einem Punkt schneiden, dies sei G. Beschreibt man nun um G mit dem Radius GA einen Kreis (II, 23.); so geht dieser durch alle Winkelspitzen der Figur. Man ziehe nämlich die Linien GB, GC; so ist GK = GK, KA = KB nach der Construktion, Winkel AKG = BKG, mithin GA = GB (SWS), und Winkel ABG = GAB. Es ist aber GAB die Hälfte von FAB und FAB = ABC (§. 10.); mithin ist ABG auch die Hälfte von ABC; folglich Winkel GBC = GAB, da nun auch BC = AB, BG = AG; so ist Dreieck GBC ≅ GAB; also GC = BG = AG. Auf dieselbe Art läßt sich zeigen, daß GD = AB rc. Ein Kreis, der den Mittelpunkt G hat und den Radius GA, geht also durch alle Winkelspitzen der Figur.

Halbirt man ferner die Seite BC in L und zieht GL; so ist BK = BL; weil BA = BC ist, ferner ist BG = BG und Winkel GBK = GBL. Daher auch GK = GL und Winkel GLB = GKB = R. Ein Kreis also, der mit dem Halbmesser GK um G beschrieben wird, trifft auch die Mitte der Seite BC, und, wie auf dieselbe Art überall gezeigt werden kann, die Mitte einer jeden Seite: zugleich ist jede Seite eine Berührungslinie dieses Kreises (VIII, 18.). Mithin ist G auch der Mittelpunkt eines in das Sechseck ABCDEF eingeschriebenen Kreises. Es läßt sich daher um das reguläre Polygon ein Kreis umschreiben und in dasselbe ein Kreis einschreiben. Daß der Beweis für jedes beliebige Polygon auf dieselbe Art geführt werden kann, ist leicht einzusehn.

§. 14. Erklärung.

Der gemeinsame Mittelpunkt des einem Polygon umschriebenen und des eingeschriebenen Kreises, heißt Mittelpunkt des Polygons und der Radius des umschriebenen Kreises wird der **große Halbmesser**, so wie der Radius des eingeschriebenen Kreises der **kleine Halbmesser** genannt. Der Winkel, den zwei große Radien einschließen und der durch den dazwischen liegenden kleinen Radius halbirt wird, heißt **Centriwinkel** des Polygons und das rechtwinklige Dreieck, welches eine halbe Seite, einen kleinen und einen großen Halbmesser zu Seiten hat, und alle Bestimmungsstücke des Polygons enthält; wird **Bestimmungsdreieck** desselben genannt.

Es ist also (Fig. 108.) G der Mittelpunkt des regulären Sechsecks, AG der große Halbmesser KG der kleine Halbmesser, AGB ein Centriwinkel und das bei K rechtwinklige Dreieck AKG ein Bestimmungsdreieck, in welchen sich vorfinden 1) die halbe Seite der Figur AK als eine Kathete, 2) der kleine Halbmesser KG als andere Kathete, 3) der große Halbmesser AG als Hypotenuse; 4) der halbe Polygonwinkel KAG als Gegenwinkel des kleinen Halbmessers und 5) der halbe Centriwinkel KGA als Gegenwinkel der halben Seite.

Anm. Die Größe des Centriwinkels so wie die des Polygonwinkels läßt sich in Theilen des rechten Winkels unmittelbar aus der Seitenzahl bestimmen. Daraus ergiebt sich eine Regel für die Construktion des Bestimmungsdreiecks, wenn eine Seite desselben und die Seitenzahl des Polygons gegeben sind. Aus dem Bestimmungsdreieck läßt sich dann leicht das Polygon selbst darstellen.

Es ist leicht einzusehn, daß jedes reguläre Polygon so viel gleiche Centriwinkel hat, als Seiten vorhanden sind, diese liegen alle um den Mittelpunkt der Figur, bilden also zusammen die Größe von vier rechten Winkeln. Man wird also vier rechte Winkel in so viel Theile theilen müssen, wie die Figur Seiten hat, um die Größe eines Centriwinkels zu erhalten.

Da ferner in dem Bestimmungsdreieck sich außer einem rechten Winkel noch der halbe Centriwinkel und der halbe Polygonwinkel vorfinden, so bilden diese zusammen einen rechten Winkel. Der ganze Polygonwinkel wird also dem Nebenwinkel des Centriwinkels gleich sein; d. h. man wird die Größe desselben erhalten; wenn man die Größe des Centriwinkels von zwei rechten Winkeln hinwegnimmt.

Da nun ferner zur Construction eines rechtwinkligen Dreiecks nur eine Seite und ein spitzer Winkel erforderlich ist, so wird man das Bestimmungsdreieck eines regulären Polygons leicht construiren können, wenn man außer der Seitenzahl, wodurch beide spitze Winkel bestimmt werden, noch entweder a) den großen Halbmesser oder b) den kleinen Halbmesser oder c) die Seite, folglich auch die halbe Seite kennt.

Wäre nun auf diese Weise (Fig. 109.) daß bei B rechtwinklige Bestimmungsdreieck ACB, und BAC darin als halber Centriwinkel gegeben; so beschreibt man mit AC um C einen Kreis, der die Verlängerung von AB in D trifft. Zieht man nun AD; so ist AC = CD, CB = CB und Winkel ABC = CBD; also Dreieck ABC $\cong$ BDC (SsW), mithin Winkel ACB = BCD; also ist ACD der ganze Centriwinkel des Polygons, der sich um C so oft herum legen läßt, als die Figur Seiten hat. Es wird also auch der Bogen AED so oft in der ganzen Peripherie enthalten sein, als die Figur Seiten hat (VIII, 3.); folglich wird sich die Sehne AD so oft in den Kreis eintragen lassen, als Polygonseiten vorhanden sind (VIII, 6.). Man wird also das reguläre Polygon erhalten, wenn man AD so oft als möglich der Reihe nach als Sehne in den Kreis einträgt.

Anm. Nennt man n die Seitenzahl eines Polygons; so ist dessen Centriwinkel $c = \frac{4R}{n}$ und der halbe Centriwinkel $\frac{2R}{n}$; mithin ist der halbe Polygonwinkel $R - \frac{2R}{n} = \frac{n-2}{n}R$. Dieser Werth kann leicht (IX, 5, Anm. 3.) in Graden, Minuten und Secunden berechnet werden. Die geometrische Construction dieser Winkel wird aber in den meisten Fällen nur annäherungsweise möglich sein.

§. 15. Lehrsatz.

Die Fläche eines regulären Polygons ist einem Dreiecke gleich, das zur Grundlinie den Umfang desselben und zur Höhe den kleinen Halbmesser hat.

Beweis.

Das reguläre Fünfeck ABCDE (Fig. 110.) soll einem Dreiecke flächengleich sein, das zur Grundlinie die Linie AH, welche dem Umfange der Figur gleich ist, und zur Höhe den kleinen Halbmesser FG hat. Theilt man die Linie AH in fünf gleiche Theile (V, 13.), so muß jeder Theil der Seite AB gleich sein. Es ist also AB = BK = KL = LM = MH. Zieht man von allen Theilpunkten nach F Linien, so erhält man fünf unter sich flächengleiche Dreiecke AFB, BFK, KFL, LFM, MFG (VI, 11.). Es ist also das Dreieck AFH das Fünffache des Dreiecks AFB. Zieht man ferner in dem regulären Polygon noch die großen Halbmesser FC, FD, FE; so wird dasselbe in fünf congruente gleichschenklige Dreiecke zerlegt. Es ist also auch das Polygon ABCDE das Fünffache des Dreiecks BFA. Mithin ist ABCDE = AFH. Was zu beweisen war.

Wie dieser Beweis bei jedem beliebig gewählten regulären Polygon anwendbar sei, ist leicht einzusehn.

Anm. Ein Ausschnitt eines regulären Polygons, der durch zwei vom Mittelpunkt aus nach beliebigen Punkten des Umfangs gezogene Linien und den dazwischen liegenden Theil des Umfangs begrenzt wird, ist einem Dreieck gleich, das diesen Umfangstheil zur Grundlinie und den kleinen Halbmesser zur Höhe hat.

Ein Abschnitt eines regulären Polygons, der von einem beliebig begrenzten Theil des Umfangs und der die Endpunkte desselben verbindenden geraden Linie eingeschlossen wird, ist dem Unterschiede oder der Summe zweier leicht zu bestimmenden Dreiecke gleich, je nachdem der Mittelpunkt außerhalb oder innerhalb desselben liegt.

§. 16. Lehrsatz.

Der Flächenunterschied eines demselben Kreise umschriebebenen und eingeschriebenen Polygons ist mehr als das Dreifache des Unterschiedes des demselben Kreise um- und eingeschriebenen Polygons von doppelter Seitenzahl.

Beweis.

In einen Kreis um M (Fig. 111.) sei ein reguläres Polygon eingeschrieben, dessen eine Seite sei AB. Um denselben Kreis sei ein reguläres Polygon beschrieben, dessen halbe Seite sei AC oder CB. Zieht man CM, welche Linie die Kreislinie in E und die Seite AB in D trifft; so ist das Dreieck ADM eben so oft in dem eingeschriebenen Polygon enthalten, als das Dreieck ACM in dem umschriebenen. Eben so oft ist also auch der Unterschied dieser Dreiecke, nämlich das Dreieck ADC, in dem Unterschiede beider Polygone enthalten. Legt man nun an E eine Tangente, welche AC in F und CB in G trifft, und zieht AE; so ist AE die Seite des eingeschriebenen Polygons von doppelter Seitenzahl, und AF die halbe Seite des umschriebenen Polygons von doppelter Seitenzahl und das Dreieck AEM ist eben so oft in dem eingeschriebenen Polygon mit doppelter Seitenzahl enthalten als das Dreieck ADM in dem eingeschriebenen Polygon mit einfacher Seitenzahl enthalten ist; desgleichen ist das Viereck AFEM eben so oft in dem umschriebenen Polygon mit doppelter Seitenzahl enthalten. Der Unterschied des Vierecks AFEM und des Dreiecks AEM, d. i. das Dreieck AEF, ist also eben so oft in dem Unterschiede des um- und eingeschriebenen Polygons von doppelter Seitenzahl enthalten, als das Dreieck ACD in dem Unterschiede des um- und eingeschriebenen Polygons von einfacher Seitenzahl enthalten ist. Nun ist aber Dreieck AEF < AED, weil beide Dreiecke die gleiche Höhe ED haben und die Grundlinie des ersten EF kleiner ist als die Grundlinie des letzteren AD. Ferner ist auch Dreieck AEF < FEC. Denn FE ist gleich FA (VIII, 22. Zus.), und FE < FC (IV, 18.), also ist auch AF, die Grundlinie des Dreiecks AFE, kleiner als FC, die Grundlinie des Dreiecks FEC. Da aber beide Dreiecke gleiche Höhe haben, weil ihre Grundlinien AF und FC in einer geraden Linie liegen und ihre Spitzen in E zusammenfallen; so ist auch Dreieck AFE < FEC. Es war aber auch kleiner als AED; also ist AFE kleiner als der dritte Theil von ACD. Jedes Vielfache von AFE ist also auch kleiner als der dritte Theil des Gleichvielfachen von ACD, mithin ist der Unterschied der um- und eingeschriebenen Figuren von doppelter Seitenzahl kleiner als der dritte Theil des Unterschiedes der um- und eingeschriebenen Figuren von einfacher Seitenzahl. Was zu beweisen war.

Anm. Die Fläche einer eingeschriebenen Figur ist kleiner als der Kreis. Der Unterschied beträgt aber weniger als der Unterschied der eingeschriebenen Figur von der umschriebenen mit gleicher Seitenzahl. Construirt man daher eine Figur von doppelter Seitenzahl, so wird ihr Unterschied von dem Kreise weniger als der dritte Theil des Unterschiedes der Figur von einfacher Seitenzahl sein, und mit fortgesetzter Verdoppelung der Seitenzahl wird der Unterschied immer geringer werden und keine Flächengröße wird so klein sein, daß nicht der Unterschied des Kreises und eines durch fortgesetzte Verdoppelung der Seitenzahl (oder Halbirung der Bogen) construirten Polygons noch kleiner werden könnte. Es ist daher die Kreisfläche mit der Fläche eines regulären Polygons immer mehr als gleich anzunehmen, je größer die Seitenzahl des letztern ist. Mit der großern Seitenzahl verringert sich aber die Seite und vergrößert sich der kleine Halbmesser, und der Umfang des Polygons fällt immer mehr mit dem Umfange des Kreises zusammen. Aus dieser Betrachtung ergiebt sich die Bedeutung des Satzes

Der Kreis ist als ein reguläres Polygon von unendlicher Seitenzahl zu betrachten, dessen Seite unendlich klein, dessen kleiner Halbmesser dem großen gleich ist.

Zehnter Abschnitt.

Von der Messung der Linien, Winkel, geradliniger Figuren und Kreise.

A. Linienmessung.

§ 1. Erklärung.

Eine Linie, deren Größe man als bekannt voraussetzt, wird Längenmaaß genannt. Eine Linie wird gemessen, wenn man untersucht, wie oft ein bekanntes Längenmaaß oder ein bestimmter Theil dieses Längenmaaßes in derselben enthalten ist.

Anm. Das in Preußen übliche Längenmaaß ist die rheinländische Ruthe. Diese wird für Vermessungen auf dem Felde in zehn Decimalfuß und jeder Fuß in zehn Decimalzoll eingetheilt. Für Messungen von Gebäuden und Hausgeräthen theilt man die Ruthe in zwölf Duodecimalfuß und jeden Duodecimalfuß in zwölf Duodecimalzoll, den Zoll mitunter auch wohl in zwölf Linien. Es ist daher nicht schwer, ein Maaß auf das andere zurückzuführen, weil beide (Feldmaaß und Werkmaaß) in der Ruthe übereinstimmen.

Das Decimalmaaß ist für die Rechnung bequemer. Diesen Vortheil hat besonders auch das neufranzösische Maaß. Der zehnmillionte Theil des Meridianquadranten von Paris bildet die Haupteinheit Meter, zehn Meter sind ein Decameter, hundert Meter ein Hektometer, tausend Meter ein Kilometer. Der zehnte Theil eines Meter ist ein Decimeter, der hundertste Theil ein Centimeter, der tausendste Theil ein Millimeter. Der Vergleichung wegen bemerken wir:

1) die rheinländische Ruthe hat 3,7662425 Meter,

2) die alte französische Toise

(d. h. sechs Pariser Fuß) hat 1,949037 Meter.

Man bezeichnet Ruthe durch (°), Fuß durch ('), Zoll durch (''), Linie durch ('''). Meter durch met., Decimalmaaß durch dc., Duodezimalmaaß durch ddc., alt Parisermaaß durch Par.

§. 2. Aufgabe.

Eine Figur zu construiren, in welcher sich zugleich Ganze, Zehntel und Hundertel eines gegebenen Längenmaaßes auffinden lassen.

Auflösung.

Es sei (Fig. 112.) das Längenmaaß AB (z. B. ein Zoll) gegeben. Man soll eine Figur construiren, in welcher Ganze, Zehntel und Hundertel dieses Längenmaaßes aufgefunden werden können.

Man verlängere AB über B hinaus und trage auf die Verlängerung von B aus ein Stück BC = AB, dann von C aus ein Stück CD = AB, dann von D aus ein Stück DE = AB, u. s. w. beliebig: dann errichte man in A ein Perpendikel AF von beliebiger Länge und vollende zwischen AF und AE das Rechteck AFGE. In B, C und D errichte man die Perpendikel BH, CK, DL: das Perpendikel BH, bezeichne man mit 0, das folgende CK mit I, das darauf folgende DL mit II, und das folgende EG mit III, u. s. w. Nun theile man sowohl AB als auch AF in zehn gleiche Theile und benenne die Theilungspunkte von B aus bis A mit den arabischen Ziffern 1, 2, 3, 4 bis 9. Vom neunten Theilpunkt aus ziehe man eine Linie nach F und durch alle übrigen Theilpunkte, so wie durch B ziehe man Parallelen mit dieser Linie. Diese schrägen Linien mögen Transversalen heißen. Endlich benenne man die Theilpunkte der Linie AF von A aus mit den Ziffern 1, 2, 3, 4 bis 9 und ziehe aus denselben Parallelen mit AE; so lassen sich in der Figur die Ganzen, Zehntel und Hundertel des gegebenen Maaßes AB nachweisen.

Beweis.

Wir haben in der Figur vier durch römische Ziffern bezeichnete Perpendikel, 10 durch arabische Ziffern bezeichnete Transversalen und 9 eben so bezeichnete Parallelen. Jedes Stück einer Parallele zwischen zwei zunächst folgenden Perpendikeln wird eine Längeneinheit betragen, z. B. das auf der siebenten Parallele zwischen dem 0-ten und I-ten Perpendikel begränzte Stück qr ist der Linie BC gleich (V, 11.). Es ist aber BC = AB; also qr = AB.

Jedes Stück einer Parallele zwischen zwei zunächstfolgenden Transversalen ist dem zehnten Theil des gegebenen Längenmaaßes AB gleich, z. B. das auf der zweiten Parallele zwischen der fünften und sechsten Transversale begrenzte Stück st, ist der Linie zwischen 5 und 6 gleich (V, 11.), welche der zehnte Theil von AB ist. Es ist also st = $\frac{1}{10}$ AB. Jedes Stück endlich zwischen dem Perpendikel 0, d. h. BH, und der Transversale 0, d. h. BM, enthält so viel Hundertel des Längenmaaßes AB, als die Zahl der Parallele angiebt, auf welcher es sich befindet; so enthält z. B. das auf der dritten Parallele zwischen den Linien BM und

BH enthaltene Stück vw drei Hundertel der Linie AB. Denn es ist BH, der Schenkel des Winkels MBH, in zehn gleiche Theile getheilt und von allen Theilungspunkten sind Parallellinien nach dem anderen Schenkel gezogen; folglich ist die zweite Parallele zweimal, die dritte dreimal, die vierte viermal so groß als die erste u. s. w. (V, 12.). Die zehnte Parallele MH ist also zehn mal so groß als die erste. Da nun MF = B 9 d. h. 9 Zehntel des Maaßes, HF gleich AB d. h. dem gegebenen Längenmaaße selbst gleich ist; so ist MH = $\frac{1}{10}$ AB, folglich ist die auf der ersten Parallele zwischen den Schenkeln des Winkels MBH enthaltene Linie $\frac{1}{100}$ des Maaßes AB.

Anm. Die Figur, welche nach Anleitung dieses Satzes gezeichnet werden kann, hat den Namen eines verjüngten Maaßstabes erhalten, weil man sich derselben in der Anwendung der Geometrie auf Baukunst und Feldmeßkunst sehr häufig bedient, um Linien, deren Länge man durch irgend ein gegebenes Maaß bestimmt hat, in einer Zeichnung verkleinert vorzustellen.

Die Einheit, welche dem verjüngten Maaßstabe zum Grunde liegt, ist ganz willkührlich. Auch die Eintheilung ist beliebig. AB könnte z. B. ein Duodezimalzoll, und in 8, AF aber in 5 Theile getheilt sein, so würde qr = 1'' ddc. st = $\frac{1}{8}$'' ddc. und vw = $\frac{3}{40}$'' ddc. sein. Denn es wäre dann offenbar auch MH $\frac{1}{8}$ Zoll und vw enthielte 3 fünfte Theile dieses Achtelzolls. Es ist jedoch hier bei der Lösung der Aufgabe diejenige Eintheilungszahl zu Grunde gelegt worden, welche die bequemste und üblichste ist.

In einer jeden vollständigen Sammlung solcher Geräthschaften, deren man sich zur Zeichnung geometrischer Figuren bedient, welcher man gewöhnlich den Namen eines Reißzeuges giebt, darf außer dem Lineal, dem gewöhnlichen Meßzirkel und dem Einsatzzirkel, der zum Beschreiben der Kreise dient, auch ein verjüngter Maaßstab nicht fehlen. Er ist gewöhnlich mit sehr feinen Linien auf Holz, Elfenbein oder auf Metall gezeichnet und befindet sich oft auch auf dem Lineale selbst oder auf dem geraden Theile eines anderen Instruments, das hier später erklärt werden soll, nämlich des Transporteurs.

§. 3. Zusatz.

Es leuchtet von selbst ein, daß jeder Abschnitt einer Parallele in der nach Anleitung von §. 2. gezeichneten Figur zwischen einem beliebigen Perpendikel und einer beliebigen Transversale genau in Ganzen, Zehnteln und Hunderteln der gegebenen Längenmaaßeinheit bestimmt ist.

Wählt man z. B. auf der sechsten Parallele in dem Perpendikel III d. i. GE den Durchschnittspunkt a und in der 7ten Transversale auf derselben Parallele den Durchschnittspunkt b, so besteht die Linie ab offenbar aus 3 Theilen. Diese sind: 1) ac = 3 Einheiten (z. B. Zoll, wenn AB ein Zoll ist), 2) bd = $\frac{7}{10}$ der Einheit (also z. B. $\frac{7}{10}$ Zoll), 3) dc = $\frac{6}{100}$ der Einheit (d. h. $\frac{6}{100}$ Zoll). Es beträgt also die ganze Linie 3,76 solcher Maaßeinheiten und man sieht leicht ein, wie die Zahl des Perpendikels III die ganzen Zolle, die Zahl der Transversale 7 die Zehntelzolle, die Zahl der Parallele, auf welcher die Linie ab begrenzt ist, die Hunderteltzolle ausdrückt; wenn AB ein Zoll ist.

Anm. 1. Hierauf beruht das praktische Zeichnen und Messen begrenzter Linien.

a) Soll z. B. mit Hülfe eines verjüngten Maaßstabes eine Linie von 2,38 Zollen gezeichnet werden, so nehme man den Meßzirkel, dessen Spitzen sehr fein und so gearbeitet sein müssen, daß, wenn der Zirkel geschlossen ist, beide nur einen sichtbaren Punkt (natürlich keinen mathematischen) hervorbringen, und bringe die eine Endspitze desselben auf denjenigen Punkt, wo sich die zweite Perpendikuläre mit der achten Parallele durchschneidet. Dies ist hier der Punkt e. Dann erweitere man die Schenkel des Zirkels so weit, daß die andere Spitze den Durchschnitt der dritten Transversale mit der achten Parallele trifft, d. i. hier der Punkt f; so haben beide Zirkelspitzen die Entfernung ef d. h. 2,38″ und man kann diese Länge nun von jedem gegebenen Punkte aus auf eine gerade Linie abtragen.

b) Soll aber eine in irgend einer Zeichnung gegebene Linie, die kleiner als der Maaßstab ist, gemessen werden; so fasse man dieselbe in den Zirkel d. h. man erweitere die Schenkel des Zirkels so weit, daß die Spitzen mit den Endpunkten der Linie zusammenfallen and suche dann, indem man an der passenden Perpendikuläre von Parallele zu Parallele übergeht, die Stelle zu finden, wo der eine Endpunkt auf dem Durchschnitt einer Parallele mit der Perpendikulären und der andern auf dem Durchschnitt derselben Parallele mit einer Transversale möglichst genau zusammentrifft. Hat man diese Stelle gefunden, so kann man aus den beigesetzten Zahlen des Perpendikels, der Transversale und der Parallele die Ganzen, Zehntel und Hundertel des Zolles ablesen.

Anm. 2. Man wird bei dem genauen Messen der Linien auf diese Weise oft den Fall haben, daß die Zirkelspitzen bei unveränderlicher Eröffnung des Zirkels nicht genau auf zwei Durchschnittspunkte treffen: dann liegt die Größe der zu messenden Linie zwischen zwei Grenzen, die nur um $\frac{1}{100}$ Zoll verschieden sind. Wählt man eine dieser Grenzen, so stimmt das gefundene Maaß zwar nicht genau mit der gegebenen Linie überein, weicht aber offenbar nicht um $\frac{1}{100}$ Zoll von derselben ab. Kann man auf irgend eine Art bemerken, welcher Grenze das Maaß näher liegt, so wird man nicht um die Hälfte eines Hundertels fehlen, wenn man diese Grenze wählt. Geübte Zeichner und Messer gelangen bald zu der Fertigkeit, in diesen Fällen die

Tausendtel des Zolles noch schätzen zu können, indem sie mit dem einen Zirkelfuß an der Perpendikuläre zwischen den beiden den Grenzen zugehörigen Parallelen entlang streichen und dabei den anderen Zirkelfuß so halten, daß die Verbindungslinie beider Spitzen möglichst den Parallelen parallel bleibt. Dann muß nothwendigerweise eine Lage gefunden werden, in welcher die eine Zirkelspitze auf dem Perpendikel, die andere auf der Transversale ist, und aus der Entfernung dieser Lage von der nächstniedrigen Parallele beurtheilt man durch Schätzung, wieviel Tausendtel den durch die nächst niedrige Parallele angegebenen Hunderteln noch beigefügt werden müssen.

Anm. 3. Da alles Messen der Natur der Sache nach nur Annäherung ist und das absolute Maaß keiner in einer Zeichnung gegebenen, noch irgend auf andere Weise äußerlich bestimmten Linie gefunden werden kann: so ist es von Wichtigkeit die Grenzen aufzufassen, zwischen welchen der Fehler enthalten sein kann. Hierzu ist nun das Dezimalmaaß sehr geeignet, indem dasselbe verstattet, das Maaß als einen Dezimalbruch zu schreiben, der dann jedesmal nicht als ein absolut vollständiger, sondern als ein bei der niedrigsten Stelle abgebrochener betrachtet werden muß. Da nun die Arithmetik lehrt, wie weit die durch irgend eine Rechnung mit abgekürzten Dezimalbrüchen erhaltenen Resultate zuverlässig sind; so wird man auch in jedem Falle, wo man das Maaß einer Linie in Rechnnng bringen muß, nach denselben Regeln die Beurtheilung über die Genauigkeit und Zuverlässigkeit des Resultats anstellen können.

B. Winkelmessung.

§. 4. Erklärung.

Ein Winkel, welcher der neunzigste Theil eines rechten Winkels ist, wird ein **Gradwinkel** genannt. Der Bogen eines Kreises, zu welchem ein Gradwinkel als Centriwinkel gehört, heißt ein **Gradbogen**. Die ganze Peripherie eines Kreises besteht also aus drei hundert und sechszig Gradbogen. Jeder Gradwinkel hat 60 **Minutenwinkel**, ebenso jeder Gradbogen 60 **Minutenbogen**. Ferner hat jeder Minutenwinkel 60 **Secundenwinkel**, und ebenso jeder Minutenbogen 60 **Secundenbogen**.

Anm. Man bezeichnet Grade, Minuten und Secunden, sowohl bei Winkeln als auch bei Bogen auf dieselbe Weise, wie Ruthen, Fuße und Zolle, z. B. $32^0 44' 52'' = 117892''$.

§. 5. Erklärung.

Ein Winkel wird durch einen Bogen gemessen, wenn er ebensoviel Grad-, Minuten- und Secundenwinkel enthält, wie der Bogen Grad-, Minuten- und Secundenbogen hat. Ebenso wird ein Bogen durch einen Winkel gemessen; wenn er ebensoviel Grad-, Minuten- und Secundenbogen enthält, wie der Winkel Grade, Minuten und Secunden hat.

§. 6. Lehrsatz.

Jeder Centriwinkel eines Kreises wird durch den Bogen, auf welchem er steht, gemessen, ebenso jeder Kreisbogen durch den zugehörigen Centriwinkel.

Beweis.

Es ist leicht einzusehen, daß, wenn (Fig. 113.) der Winkel ABC aus 25 Gradwinkeln besteht, auch der zugehörige Bogen AC aus eben so vielen Gradbogen bestehen müsse. Denn man denke sich den Winkel ABC in 25 gleiche Theile zerlegt, deren jeder so groß ist, wie CBD; so ist auch dadurch der Bogen AC in 25 gleiche Bogen zerlegt, deren jeder so groß wie CD ist. Nun ist DBC ein Gradwinkel, also auch CD ein Gradbogen; folglich enthält auch der Bogen AC so viele Gradbogen wie der Winkel ABC Gradwinkel enthält. Auf dieselbe Weise folgt, daß wenn der Bogen AC aus 25 Gradbogen besteht, auch der Winkel ABC aus 25 Gradwinkeln bestehen müsse. Dieselben Schlüsse lassen sich anwenden, wenn irgend ein Winkel ABC aus einer gewissen Anzahl von Minuten- oder Secundenwinkeln oder wenn irgend ein Bogen aus einer bestimmten Zahl von Minuten- oder Secundenbogen besteht.

Hat aber ein Winkel, wie EFG (Fig. 114), 20 Grad 30 Minuten und 40 Secunden; so läßt er sich in drei Winkel zerlegt denken, von denen der erste EFH $= 20^0$, der zweite HFK $= 30'$, der dritte KFG $= 40''$. Es besteht also auch der Bogen EG aus drei Theilen, von denen der erste EH $= 20^0$, der andere HK $= 30'$, der dritte KG $= 40''$. Ebenso läßt sich von dem Bogen auf die Größe des Winkels schließen. Es dienen daher Bogen und Winkel zur gegenseitigen Messung.

Anm. Es ist klar, daß ein in Graden bestimmter Winkel auch eine ganz genau bestimmte Größe ist. Ein in Graden bestimmter Bogen hat aber nicht eine genau bestimmte Länge. Denn es ist deutlich, daß die zu einem Gradwinkel gehörigen Bogen immer größer werden, je größer die Kreise werden, zu denen sie gehören, da ein jeder einzeln der 360ste Theil seiner Peripherie ist.

§. 7. Aufgabe.

Einen gegebenen Bogen nach Graden, Minuten und Secunden so genau als möglich zu bestimmen.

Auflösung.

Wenn die Größe des Bogens AB (Fig. 115.) bestimmt werden soll (der zu einem beliebig gegebenen Kreise gehört), so ziehe man die Sehne AB und lege diese von A aus in die Peripherie so oft ein, bis ihr Endpunkt nach einem oder mehreren Umzügen durch die ganze Peripherie endlich wieder einmal genau in A oder nicht merklich von A entfernt eintrifft. Dann dividire man die Zahl der durchmessenen Peripherien durch die Anzahl der eingetragenen Sehnen und multiplicire den Quotienten mit 360, so erhält man in Graden die Größe des Bogens.

Beweis.

Gesetzt, die Sehne AB hätte sich 102 mal in 27 Peripherien eintragen lassen; so wäre natürlich der Bogen $AB = \frac{27}{102} = \frac{9}{34}$ der ganzen Peripherie, enthielte also $\frac{9}{34} \cdot 360^0 = 95\frac{5}{17}{}^0 = 95^0 17' 38\frac{14}{17}''$. Hätte sich die Sehne CD aber in 20 Peripherien 205 mal eintragen lassen und es wäre ein Rest EC geblieben, so daß der letzte Endpunkt nicht in C sondern in einem nahe daran befindlichen Punkte einsetzte, so würde die Rechnung $35^0 7' 19\frac{1}{41}''$ ergeben. Der Bogen wäre aber in der That etwas kleiner oder größer, nämlich um den 205ten Theil des Abstandes EC, den der letzte Einsetzungspunkt von C hat, und welcher immer sehr klein sein wird; daher sich der Fehler, welcher dadurch entsteht, vernachlässigen läßt.

Anm. Es giebt Bogen, deren Größen in Graden, Minuten, Secunden und Brüchen der Secunde nicht ganz genau ausgedrückt werden können, so gut wie es Linien giebt, deren Längen nicht in Ruthen, Fußen, Zollen und Brüchen des Zolls genau bestimmt werden können. Die Länge eines solchen Bogens kann durch das vorstehende Verfahren nie vollständig bestimmt werden; indem nie der Endpunkt der herumgeführten Sehne da wieder einsetzen wird, von wo man ausging. Indeß gilt auch hier die oben ausgesprochene Bemerkung, daß bei der wirklichen Anwendung der Messung auf einen gegebenen Fall jederzeit nur eine gewisse Grenze der Sicherheit erreicht, nie das absolute Maaß des Bogens in Graden u. s. w. gefunden werden kann.

§. 8. Zusatz.

Die vorige Aufgabe führt zugleich darauf, wie ein gegebener Winkel so genau wie möglich ausgemessen werden kann. Man wird nämlich aus dem Scheitelpunkte desselben einen Kreis mit beliebigem Radius beschreiben und in Graden die Größe des zwischen den Schenkeln des Winkels abgeschnittenen Bogens bestimmen. Diese wird zugleich in Graden ꝛc. die Größe des Winkels angeben.

Anm. Man bedient sich zur Winkelmessung gewöhnlich des sogenannten Transporteurs, der in der Hauptsache folgende Einrichtung hat. An einem genauen Lineale (Fig. 116.), dessen obere Seite AB ist, und dessen Mitte C bemerklich ist, befindet sich ein aus C beschriebener Halbkreis, der durch mechanische Hülfsmittel in 180 Grade getheilt ist. Mehrere mit ihm concentrische Halbkreise befinden sich noch auf dem Meßinstrumente, um die Theilstriche von 5 zu 5 Graden und von 10 zu 10 Graden besser hervorheben zu können. An einigen Instrumenten ist die Eintheilung bis zu Hälften oder Vierteln des Grades fortgesetzt. Will man nun mit demselben irgend einen Winkel DCF messen; so macht man die Schenkel desselben länger als der Radius des Transporteurs ist, legt diesen so an den einen Schenkel an, daß der Mittelpunkt des Transporteurs auf den Scheitelpunkt des Winkels C fällt und die Grundlinie des Transporteurs CA an dem Schenkel CD anliegt. Nun beobachtet man genau, welche Stelle des Halbkreises durch den anderen Schenkel geschnitten wird. Hat man diesen Punkt gefunden; so ist es nur noch nöthig, die Größe des Bogens von A aus bis zu demselben (hier etwa 138^{0}) mit der Genauigkeit, welche das Instrument verstattet, an der Gradtheilung abzulesen.

§. 9. Zusatz.

Man wird auch im Stande sein, einen Winkel so genau wie man will darzustellen, dessen Größe in Graden, Minuten, Secunden u. s. w. bestimmt ist.

Gesetzt, es sollte ein Winkel von 32 Graden gezeichnet werden, so beträgt derselbe $\frac{32}{90}$ eines rechten Winkels, Der Bruch $\frac{32}{90}$ läßt sich so genau wie man will auf solche Theile des rechten Winkels zurückführen, die durch fortgesetzte Halbirungen des rechten Winkels und seiner Theile erhalten werden können. Diese sind:

$\frac{1}{2}R = 45^0$	$\frac{1}{512}R = 0^0\ 10'\ 32{,}81''$
$\frac{1}{4}R = 22^0\ 30'$	$\frac{1}{1024}R = 0^0\ \ 5'\ 16{,}41''$
$\frac{1}{8}R = 11^0\ 15'$	$\frac{1}{2048}R = 0^0\ \ 2'\ 38{,}20''$
$\frac{1}{16}R = \ 5^0\ 37'\ 30''$	$\frac{1}{4096}R = 0^0\ \ 1'\ 19{,}10''$
$\frac{1}{32}R = \ 2^0\ 48'\ 45''$	$\frac{1}{8192}R = 0^0\ \ 0'\ 39{,}55''$
$\frac{1}{64}R = \ 1^0\ 24'\ 22{,}5''$	$\frac{1}{16384}R = 0^0\ \ 0'\ 19{,}78''$
$\frac{1}{128}R = \ 0^0\ 42'\ 11{,}25''$	$\frac{1}{32768}R = 0^0\ \ 0'\ \ 9{,}89''$
$\frac{1}{256}R = \ 0^0\ 21'\ \ 5{,}63''$	u. s. w.

Sucht man nun unter den hier angegebenen Theilen des rechten Winkels den größesten, welcher kleiner ist als 32 Grad; so findet man $\frac{1}{4}R = 22^0\ 30'$. Zieht man diese Größe von 32^0 ab; so findet man $9^0\ 30'$. Es ist also $32^0 = \frac{1}{4}R + 9^0 30'$. Nun suche man wieder den größesten unter den angegebenen Theilen des rechten Winkels, der kleiner als $9^0 30'$. Man findet dafür $\frac{1}{16}R = 5^0 37' 30''$. Es ist also $32^0 = \frac{1}{4}R + \frac{1}{16}R + 3^0 52' 30''$. Setzt man dies fort, so ist $3^0 52' 30'' = \frac{1}{32}R + 1^0 3' 45''$. Also ist $32^0 = \frac{1}{4}R + \frac{1}{16}R + \frac{1}{32}R + 1^0 3' 45''$.

Es ist aber $1^0\ 3'\ 45'' = \frac{1}{128}R + 21'\ 33{,}75''$.

Ferner ist $21'\ 33{,}75 = \frac{1}{256}R + 28{,}12''$,

also $32^0 = \frac{1}{4}R + \frac{1}{16}R + \frac{1}{32}R + \frac{1}{128}R + \frac{1}{256}R + 28{,}12''$.

Endlich ist $28{,}12'' = \frac{1}{16384}R + 8{,}34''$.

Daher ist $32^0 = \frac{1}{4}R + \frac{1}{16}R + \frac{1}{32}R + \frac{1}{128}R + \frac{1}{256}R + \frac{1}{16384}R + 8{,}34''$.

Ist nun eine Abweichung des Winkels von 8 bis 9 Secunden nicht in Betracht zu ziehen; so läßt sich in dem Ausdruck für 32^0 der letzte Theil vernachlässigen und man hat $32^0 = \frac{1}{4}R + \frac{1}{16}R + \frac{1}{32}R + \frac{1}{128}R + \frac{1}{256}R + \frac{1}{16384}R$. Diese Theile des rechten Winkels lassen sich aber sämmtlich durch Halbirung finden und so kann durch Zusammensetzung derselben ein Winkel gebildet werden, der nicht 9 Secunden von 32^0 abweicht. Daß für die Vorstellung die Genauigkeit auf diese Art so weit, wie man will, getrieben werden kann, sieht man leicht ein.

Anm. Der in diesem Satze durchgeführten Methode bedient man sich bei praktischen Arbeiten nicht, sondern man wendet auch in diesem Fall den oben beschriebenen Winkelmesser oder Transporteur an. Soll z. B. an die Linie CB (Fig. 116.) in dem Punkte C ein Winkel von 42^0 angelegt werden; so legt man die Grundlinie des Transporteurs so an die Linie CB, daß der Mittelpunkt des Instrumentes genau an C anliegt und die Grundlinie desselben auf CB fällt. Dann bestimmt man an der Eintheilung des Umkreises denjenigen Punkt, wo sich der 42ste Gradstrich befindet; und trägt ihn auf irgend eine Weise auf die Ebene der Zeichnung über. Nach Entfernung des

Instruments zieht man sodann von C aus eine Linie CF durch diesen Punkt und es ist dann, wie leicht einzusehen, der Winkel FCB möglichst genau 42°. Eine absolute Genauigkeit läßt sich aber, wie bei allen Messungen der Art, nicht erreichen.

§. 10. Zusatz.

Soll ein Bogen, dessen Größe im Gradmaaße bestimmt ist, von irgend einem Punkte der Peripherie aus abgeschnitten werden; so wird man sich derselben Construction bedienen können, wie sie der vorige Satz für die Winkel angiebt; da man überall statt des rechten Winkels nur den Kreis-Quadranten zu theilen hat. Nennt man also den Kreis-Quadranten Q, so ist mit derselben Genauigkeit, wie im vorigen §.

$$32^0 = \tfrac{1}{4}Q + \tfrac{1}{16}Q + \tfrac{1}{32}Q + \tfrac{1}{128}Q + \tfrac{1}{256}Q + \tfrac{1}{16384}Q.$$

Anm. Will man mit Hülfe des Transporteurs einen Bogen von gegebener Größe abschneiden; so wird man an den zugehörigen Mittelpunkt einen Centriwinkel antragen müssen, der nach dem Gradmaaße die vorgeschriebene Größe hat. Die Schenkel dieses Winkels werden dann von dem gegebenen Kreise das verlangte Bogenstück (zufolge §. 9.) abschneiden.

C. Flächenmessung überhaupt.

§. 11. Erklärung.

Eine **Fläche messen** heißt untersuchen, wie oft eine als Einheit angenommene Fläche in derselben enthalten ist. Die Einheit der Fläche, oder das Flächenmaaß, ist ein **Quadrat**, dessen Seite einer Längeneinheit gleich ist.

Anm. Man bedient sich daher zum Messen der Flächen der Quadratruthe, des Quadrat-Dezimalfußes, des Quadrat-Duodezimalfußes, des Quadratmeter rc. Man wendet aber nicht in der Wirklichkeit Quadrate an, welche die bezeichnete Größe haben, sondern man bestimmt in jeder zu messenden Figur gewisse Linien durch ein beliebiges Längenmaaß und findet durch Rechnung daraus die Größe der Fläche.

§. 12. Zusatz.

Die Eintheilungszahl des Flächenmaaßes ist die Quadratzahl der Eintheilungszahl des entsprechenden Längenmaaßes.

Beweis.

Der Duodezimalzoll enthält bekanntlich 12 Linien. Es muß daher der Quadrat-Duodezimalzoll 12 mal 12, d. i. 144 Quadratlinien enthalten. Denn es sei AB (Fig. 117.) ein Duodezimalzoll und AC der zwölfte Theil desselben, also eine Duodezimallinie. Man errichte über AB das Quadrat ABDE und trage AC sowohl in AB als auch in AE zwölfmal ein. Zieht man nun von dem Punkte C und von allen übrigen Theilungspunkten der Linie AB Linien mit AE parallel durch die Figur; so erhält man zwölf Rechtecke, die sämmtlich einander gleich sind (VI, 10.), deren jedes also so groß ist wie EC. Zieht man nun aus dem Theilungspunkt der Linie AE, welcher zunächst an A liegt, nämlich aus F, eine Linie mit AB parallel, FG; so ist die abgeschnittene Figur ACGF offenbar das Quadrat von AC, also eine Quadratlinie; wenn man nun aus allen übrigen Theilpunkten von AE Parallelen mit FG zieht; so wird dadurch das Rechteck CE offenbar in zwölf gleiche Parallelogramme zerlegt, deren jedes so groß als ACGF ist. Es besteht also das Rechteck CE aus 12 Quadratlinien, die Figur BE aber aus zwölf solchen Rechtecken, mithin enthält der Quadratzoll BE zwölfmal zwölf oder 144 Quadratlinien.

Daß sich derselbe Beweis auf jede beliebige Eintheilungszahl jedes beliebigen Längenmaaßes anwenden lasse, ist einleuchtend.

Anm. Es hat also die Quadratruthe 144 Quadrat-Duodezimalfuß, der Quadrat-Duodezimalfuß 144 Quadrat-Duodezimalzoll ꝛc. Ebenso hat die Quadratruthe 100 Quadrat-Dezimalfuß, der Quadrat-Dezimalfuß 100 Quadrat-Dezimalzoll ꝛc. Das Quadratmeter hat 100 Quadrat-Decimeter ꝛc.

Zur Bezeichnung des Flächenmaaßes wählt man ein Quadratzeichen, welches dem Zeichen des Längenmaaßes zugesetzt wird z. B.

$$\tfrac{7}{32}\square^{\circ} = 31\,\square' \; 72\,\square'' \text{ddc.} = 0{,}21875\,\square^{\circ} = 21\,\square' \; 87{,}5\,\square'' \text{dc.}$$

13. Lehrsatz

Das Produkt der beiden Zahlen, welche die Länge der ungleichen Seiten eines Rechtecks nach einer und derselben Längeneinheit bestimmen, giebt, auf die entsprechende Flächeneinheit bezogen, den Flächeninhalt des Rechtecks an.

Beweis.

Es sei das Rechteck ABCD (Fig. 118.) gegeben, dessen Seite AB 8 Einheiten und dessen Seite BC 3 Einheiten desselben Längenmaaßes, z. B. Duodezimallinien, enthalte; so wird man sich die Linie AB in ihre einzelnen Theile zerlegen und in jedem Theilpunkte Perpendikel wie EF errichten können. Dadurch erhält man offenbar acht gleiche Rechtecke, deren jedes so groß ist wie BF. Eben so kann man die Linie BC in ihre Theile zerlegen und aus jedem Theilpunkte Perpendikel errichten, wie GH; so wird dadurch das Rechteck BF in drei gleiche Theile zerlegt, deren jeder so groß ist wie BGHE. Es ist aber leicht einzusehen, daß BGHE das Quadrat der Längeneinheit BE ist. Mithin enthält das Rechteck BF drei solcher Quadrate und das Rechteck BD achtmal drei solcher Quadrate. Wir finden demnach den Flächeninhalt des Rechtecks, wenn wir die Länge jeder der ungleichen Seiten durch dasselbe Maaß ausdrücken und beide Maaße mit einander multipliziren, dem Produkte aber die Benennung des gleichnamigen Flächenmaaßes geben.

Da man auch Theile eines gegebenen Längenmaaßes als Längeneinheiten betrachten kann; so ist der hier gegebene Beweis auch für den Fall gültig, wo die Größe einer der beiden Linien oder beider durch Brüche eines bestimmten Maaßes ausgedrückt werden muß.

Hat z. B. (Fig. 119.) in dem Rechteck AC die Linie AB $8\frac{2}{3}$ Zoll und die Linie CB $3\frac{1}{5}$ Zoll; so sieht man leicht ein, daß der funfzehnte Theil des Zolles als Längeneinheit angenommen in der Linie AB 130-mal und in der Linie CB 48-mal enthalten ist, mithin wird das Quadrat dieser Längeneinheit 48-mal 130-mal d. h. 6240-mal in dem Rechteck AC enthalten sein. Es ist aber dieses Quadrat (nach §. 12) 15-mal 15 d. h. 225-mal in einem Quadratzoll enthalten, mithin wird der Flächeninhalt des Rechtecks AG $\frac{6240}{225}$ d. i. $\frac{416}{15}$ oder $27\frac{11}{15}$ Quadratzoll sein, welche Zahl man auch erhalten hätte; wenn man $8\frac{2}{3}$ d. i. $\frac{26}{3}$ nach der gewöhnlichen Multiplikationsregel mit $3\frac{1}{5}$ d. h. mit $\frac{16}{5}$ multiplizirt hätte.

Anm. 1. Bei der Anwendung dieses Satzes auf wirkliche Messungen muß man beachten, daß man nie ganz zuverlässig die absolute Länge der beiden Linien in irgend einem Maaße erhalten kann; sondern daß man in jedem Falle nur angeben kann, wie weit die Genauigkeit der Messung geht, d. h. wie groß der Fehler nicht sein kann, der bei der Messung begangen ist.

Hat man z. B. durch Messung mit dem verjüngten Maaßstabe gefunden, daß (Fig. 120.) AB die eine Seite des Rechtecks 1,43″ ddc. ist und AC, die anstoßende Seite, 0,42″ ddc. beträgt; und ist man überzeugt, daß man sich in keinem Falle um 0,01 eines Zolls geirrt hat; so wird man leicht angeben können, wie genau der Flächeninhalt durch die Multiplication beider Zahlen berechnet worden ist. Könnte man nämlich voraussetzen, daß man beide Linien zu groß angegeben hätte, so denke man sich AC bis K und AB bis L so weit verlängert, bis die durch das Maaß angegebene Größe dieser Linien erreicht wird; so daß also das zwischen AL und AK errichtete Rechteck ALMK eigentlich die berechnete Größe hätte; so würde das gegebene Rechteck AD kleiner sein als das gefundene Maaß und zwar besteht der Unterschied aus den Rechtecken LO und OC. Das Rechteck LO hat aber zu einer Seite BO, d. h. das für BD gefundene Maaß, und zur anderen LB, d. h. die Abweichung der Linie BA von dem für sie gefundenen Maaße AL. Der Flächeninhalt von LO wird also gefunden; wenn man das Maaß der zweiten Seite AC mit dem Fehler den man beim Messen der ersten AB begangen hat, multiplizirt. Aus demselben Grunde folgt: daß man den Flächeninhalt von CM, welches eigentlich noch um NO größer als OC ist, findet, wenn man das Maaß der ersten Seite AB mit dem bei der Messung der zweiten BC zugelassenen Fehler multiplizirt. Es wird sich also die Grenze, welche der Fehler nie erreichen kann, finden lassen, wenn man das Maaß jeder Seite mit dem möglichen Fehler der anderen multiplizirt und beide Produkte addirt. In unserem Falle, wo das Maaß von AB = 1,43", das von AC = 0,42" und der Fehler in jeder nicht 0,01 war; findet man daß die berechnete Fläche von der gemessenen nicht um $1,43 \times 0,01 + 0,42 \times 0,01$ abweichen kann. Die Grenze, welche der Fehler also nicht erreichen kann, ist 0,0185□" ddc. Der berechnete Flächeninhalt beträgt aber 1,43.0,42, d. i. 0,6006 Quadratzoll.

Sollte das Rechteck ALMK (Fig. 120.) gemessen werden und nimmt man an, daß die für beide Linien AL und LM gefundenen Maaße zu klein wären, so würde das diesen Maaßen zukommende Rechteck kleiner sein, als das Rechteck ALMK. Gesetzt, es wäre das für die gefundenen Maaße gehörige Rechteck eigentlich ABCD, so wäre dieses kleiner, der Unterschied beträgt aber CO+DL+DM. CO wird aber gefunden; wenn man das Maaß der ersten Seite AL, nämlich AB mit dem Messungsfehler bei der zweiten, nämlich mit CK multiplizirt, eben so findet man BN; wenn man das Maaß der zweiten Seite AK, d. i. AC, mit dem Messungsfehler der ersten, nämlich BL multiplizirt. Endlich wird DM = ND, DO = LB. CK gefunden; wenn man beide Messungsfehler multiplizirt. Dieser Unterschied stimmt also mit dem vorhergefundenen in den ersten beiden Stücken überein. Das dritte Stück muß zwar hier hinzugerechnet werden, wie es dort abgezogen werden mußte. Es ist aber so klein, daß es recht gut außer Acht gelassen werden kann. Dann erhalten wir wieder als Grenze des Fehlers zwei Rechtecke, deren jedes eines der Seitenmaaße zu Grundlinien und den Maaßfehler der anderen zur Höhe hat.

Nimmt man an, daß ein Seitenmaaß zu groß, das andere zu klein genommen ist; so daß also die Maaße der gemessenen Seiten des Rechtecks AKOB eigentlich dem Rechteck ALNC zukämen; so ist dieses um LD größer aber auch zugleich um DK kleiner. Die Abweichung würde also nicht die Summe, sondern den Unterschied dieser beiden Rechtecke betragen und, wenn beide gleich groß wären, würde, obgleich die Seitenmaaße ungenau sind, dennoch das berechnete Flächenmaaß genau sein.

Da man nun im Fall der möglichst genauesten Messung nicht wissen kann, von welcher Art der zugelassene Fehler der Längenmessung ist; so muß man für das daraus hergeleitete Maaß der Fläche jederzeit die größeste Fehlergränze angeben. Diese wird aber jedesmal gefunden, wenn man das Maaß jeder Seite mit dem Maaßfehler der anderen multiplizirt und die Produkte addirt.

Anm. 2. Die bisher schon angewandte und früher (VI, 6.) erklärte Bezeichnung des Rechtecks durch das zwischen die Zeichen beider Linien geschriebene Zeichen × oder ., welches in der Arithmetik die Multiplikation bezeichnet, hat ihren Grund in der in diesem Satze entwickelten Berechnung des Flächeninhalts aus den Seiten.

§. 14. Aufgabe.

Den Flächeninhalt eines Quadrats aus der Seite zu berechnen.

Auflösung.

Man multiplizirt die Zahl, welche die Länge der gegebenen Quadratseite in dem gewählten Maaße angiebt, mit sich selbst und giebt dem Produkte die Benennung des zugehörigen Flächenmaßes. Ist also die Seite 2,34″, so ist die Fläche $2{,}34 \times 2{,}34 = 5{,}4756 \square''$.

Beweis.

Da ein Quadrat als ein Rechteck betrachtet werden kann, worin die anstoßenden Seiten einander gleich sind; so ergiebt sich die Richtigkeit dieser Regel aus §. 13.

Anm. 1. Die Grenze des Fehlers, den die Anwendung dieser Regel auf vorkommende Fälle zulassen kann, ist das doppelte Produkt aus der Maaßlänge der Seite mit ihrem Maaßfehler. Nennen wir also die Seite s, den Maaßfehler f; so ist 2sf der kaum mögliche Fehler. Nehmen wir daher in dem hier durchgeführten Beispiele an, daß die Genauigkeit der Messung bis in die Hundertel des Zolles reicht, so ist $f = 0{,}01$, $s = 2{,}34$, also der in der Messung mögliche Fehler gewiß kleiner als 0,0468.

Anm. 2. Die hier gezeigte Art der Ausmessung eines Quadrats ist der Grund, weshalb man die Produkte aus zwei gleichen Faktoren Quadratzahlen, und einen dieser Faktoren Quadratwurzel genannt hat; und da man in der Arithmetik die Quadraterhebung gewöhnlich durch die Zahl 2 anzeigt, welche man rechts oberhalb der Zahl schreibt, die mit sich selbst multiplizirt werden soll, wobei die Zahl 2 der Exponent genannt wird; so liegt hierin der Grund für die Bezeichnung des Quadrats einer Linie durch das Zeichen dieser Linie, mit Hinzufügung des Exponenten 2 (VI, 6, Zus.).

§. 15. Aufgabe.

Die Länge der Quadratseite aus dem Flächeninhalt eines Quadrats zu finden.

Auflösung.

Man suche die Zahl, welche mit sich selber multiplizirt, diejenige Zahl zum Produkte giebt, die den Flächeninhalt des Quadrats in dem gewählten Flächenmaaße ausdrückt, und gebe der gefundenen Zahl die Benennung des zugehörigen Längenmaaßes; so erhält man die Länge der Seite. Ist z. B. der Flächeninhalt 13,8384□″ ddc. gegeben, so muß die zugehörige Seite 3,72″ ddc. sein.

Beweis.

Da die Länge der gefundenen Seite so beschaffen ist, daß die Zahl, welche diese Länge ausdrückt, mit sich selbst multiplizirt, ein Produkt giebt, welches dem Flächeninhalt des Quadrates in dem gleichnamigen Flächenmaaße entspricht, so ist eine Linie, welche die gefundene Länge hat, der Seite gewiß gleich.

Anm. 1. Diese Aufgabe entspricht derjenigen, welche in der Arithmetik lehrt, die Quadratwurzel einer Zahl zu finden. Es ist, wie man hieraus sieht, jedesmal die Quadratwurzel aus der Zahl des Flächenmaaßes diejenige Zahl, welche im zugeordneten Längenmaaß die Seite des Quadrats bestimmt. Da nun nicht alle Zahlen eine durch die Einheit oder durch Theile derselben darstellbare Quadratwurzel haben; so wird sich auch in dem Falle, wo die Fläche eines Quadrats ganz genau bekannt ist, dennoch die Seite des Quadrats nicht immer ganz genau in dem gewählten Maaße angeben lassen. Man wird aber jederzeit die Länge der Seite so genau bestimmen können, wie man will.

Hätte man z. B. ein Rechteck, dessen eine Seite ganz genau 5 Zoll und dessen andere Seite ebenfalls ganz genau 2 Zoll wäre; so würde die Fläche des Rechtecks ganz genau 10 Quadratzoll sein. Nun giebt es aber keine abgeschlossene Menge von Theilen, welche die Quadratwurzel aus 10 vollständig ausdrückte, wir können sie aber annäherungsweise immer genauer finden. Es ist z. B. $\sqrt{10} = 3{,}1622777\ldots$ in welcher Angabe nicht um den zehnmillionten Theil der Einheit gefehlt ist. Wenn man also die Länge 3,1622777″ für die Seite des gesuchten Quadrats annehmen wollte; so würde man dabei nicht um den zehnmillionten Theil eines Zolles fehlen.

Anm. 2. Hat man den Flächeninhalt, zu dem die Quadratseite gefunden werden soll, zuvor durch eine wirkliche Messung erhalten, in der man einen Fehler voraussetzen kann, so wird man die Grenzen des Fehlers, den man in der Länge der berechneten Seite annehmen kann, erhalten, wenn man den Fehler in der Fläche durch das Zweifache der Zahl dividirt, welche die berechnete Seitenlänge angiebt. Wäre nämlich f die Fehlergränze im Maaße der Seite s, so wäre 2fs die Fehlergränze des Quadratinhalts (§. 14.). Nennt man daher diese q; so ist $q = 2fs$, also $f = \frac{q}{2s}$. Fände man also für die Fläche des Quadrats 10 Quadratzoll und wüßte man, daß man nicht um 0,01 □″ geirrt haben könnte, so würde man in der berechneten nicht um $\frac{0,01}{\sqrt{10}}$ d. h. nicht um $\frac{0,01}{3,16}$ d. i. nicht um 0,00317″ irren können.

§. 16. Aufgabe.

Den Flächeninhalt eines beliebigen Parallelogrammes zu bestimmen.

Auflösung.

Man bestimme zuerst Grundlinie und Höhe nach einer Einheit des gewählten Maaßes, so wird das Produkt beider Zahlen auf die gleichnamige Flächenmaaßeinheit bezogen, den Flächeninhalt des Parallelogramms angeben.

Ist also z. B. in einem Parallelogramm die Grundlinie 4,17″ und die Höhe 1,38″; so ist die Fläche desselben 5,7546 □″.

Beweis.

Da jedes Parallelogramm einem Rechteck flächengleich ist, das mit ihm gleiche Grundlinie und Höhe hat, und wir hier eigentlich ein Rechteck berechnet haben, das dem gegebenen Parallelogramm gleich ist; so ist das Verfahren richtig.

Anm. Die mögliche Fehlergrenze bei wirklichen Messungen wird sich nach §. 13. Anm. 1. folgendermaaßen bestimmen lassen.

Ist die Grundlinie g, die Höhe h und die gemeinschaftliche Fehlergrenze des Längenmaaßes f, die Fehlergrenze des Flächenmaaßes F; so ist $F = (g + h) f$. Für den vorliegenden Fall ist demnach die Grenze des möglichen Fehlers 0,0555 □″.

§. 17. Aufgabe.

Den Flächeninhalt eines beliebigen Dreiecks zu bestimmen.

Auflösung.

Man bestimme zuerst in dem gegebenen Dreieck die Länge einer Seite des Dreiecks, welche man als Grundlinie betrachtet, und bestimme sodann die Länge der zugehörigen Höhe. Diese auf ein und dieselbe Längenmaaßeinheit bezüglichen Zahlen multiplizire man, so wird die Hälfte des erhaltenen Produkts in Einheiten des zugehörigen Flächenmaaßes den Flächeninhalt des Dreiecks bestimmen.

Ist z. B. die Grundlinie 5,37″, die Höhe 2,41″; so ist der Flächeninhalt des Dreiecks $\frac{5,37.2,41}{2} = 6,47085\Box''$.

Beweis.

Man hat hier zuerst die Fläche eines Parallelogramms berechnet, das mit dem Dreieck gleiche Grundlinie und gleiche Höhe hat. Da aber das Dreieck die Hälfte eines solchen Parallelogramms ist; so ist das Verfahren richtig.

Anm. Die Grenze des möglichen Fehlers ist, bei Uebereinstimmung der Bezeichnung mit der in der Anmerkung zu §. 16 gewählten, $F = \frac{1}{2}(g + h)f$. Für den vorliegenden Fall beträgt diese Grenze demnach $0,0389\Box''$.

§. 18. Zusatz.

Es ist leicht einzusehen, daß man aus dem Flächeninhalt und der Grundlinie eines Parallelogramms oder Dreiecks die Höhe, aus dem Flächeninhalte und der Höhe die Grundlinie eines Parallelogramms oder Dreiecks wird finden können.

Man wird nämlich bei Parallelogrammen die ganze, bei Dreiecken die verdoppelte Flächenmaaßzahl mit der (auf eine zugeordnete Maaßeinheit bezogenen) Längenmaaßzahl der gegebenen Linie dividiren müssen, um die gesuchte Linie zu finden. Ist nämlich F die Zahl für die Fläche eines Parallelogramms, g die Zahl für die Grundlinie und h für die Höhe; so ist $F = gh$; also $h = \frac{F}{g}$ und $g = \frac{F}{h}$. Wählt man dieselben Bezeichnungen für die Zahlenwerthe beim Dreieck; so ist $F = \frac{gh}{2}$ also $g = \frac{2F}{h}$, $h = \frac{2F}{g}$.

§. 19. Aufgabe.

Den Flächeninhalt eines Paralleltrapezes zu finden.

Auflösung.

Man bestimmt jede der beiden parallelen Gegenseiten und den senkrechten Abstand derselben, d. i. die Höhe der Figur, nach einer und derselben Maaßeinheit, darauf multiplizirt man die Summe der Zahlen, welche das Maaß der Parallelseiten angeben, mit der Zahl, welche der Höhe entspricht. Das halbe Produkt, auf Einheiten des zugeordneten Flächenmaaßes bezogen, giebt den Flächeninhalt des Trapezes an.

Es sei z. B. die Länge der kürzeren Parallele 2, 53″, die Länge der längeren 4,72″, die Höhe 1,95″; so ist der Flächeninhalt

$$\frac{2{,}53''+4{,}72''}{2}\,.\,1{,}95 \text{ d. i. } 7{,}06875\,\square''.$$

Beweis.

Es ist oben gezeigt worden (VI, 15.), daß ein Trapez einem Dreiecke gleich ist, welches die Summe der beiden Parallelseiten zur Grundlinie und dieselbe Höhe mit dem Trapez hat. Daraus ergiebt sich die Richtigkeit der Auflösung.

Anm. Bei wirklichen Messungen wird man die Fehlergrenze, wenn a die eine Parallele, b die andere und h die Höhe ist, übrigens aber dieselben Bezeichnungen, wie §. 16. angewandt werden, auszudrücken haben, $F = \frac{1}{2}(a + b + 2h)f$. Im vorliegenden Falle, wo $f = 0{,}01''$ angenommen werden kann, ist $F = 0{,}05575$.

§. 20. Aufgabe.

Den Flächeninhalt eines beliebigen Vierecks zu bestimmen.

Auflösung.

Man zerlege sich das Viereck durch eine Diagonale, deren Größe man in irgend einem Maaße bestimmen kann, in zwei Dreiecke, nehme in jedem derselben diese Diagonale als Grundlinie an und bestimme die dazu gehörigen Höhen in demselben Maaße. Multiplizirt man dann die Summe der Zahlenwerthe für beide Höhen mit dem Zahlenwerthe der gemeinschaftlichen Grundlinie; so giebt die Hälfte des Produkts den Flächeninhalt des Vierecks an. Hätte man also in dem Viereck ABCD (Fig. 121.) die Diagonale AC auf 7,25″ die Dreieckshöhe BK auf 2,91″ und die Dreieckshöhe LD auf 3,02″ bestimmt; so ist der Flächeninhalt dieses Vierecks $\frac{(2{,}91 + 3{,}02)\,7{,}25}{2} = 21{,}49625\,\square''$.

Beweis.

Zieht man durch A und C parallele Linien mit KB und LD und durch B und D Parallelen mit AC, so erhält man zwischen diesen vier Linien ein Rechteck GHEF, dessen eine Seite GF = GC + CF, d. h. DL + BK, und dessen andere Seite HG; d. i. AC ist. Dieses Rechteck hat also die Summen beider Höhen zu einer Seite und die gemeinschaftliche Grundlinie beider Dreiecke zur anderen. Es ist aber das Rechteck GE = GA + AF. Da nun GA zweimal so groß ist wie das Dreieck ACD und AF zweimal so groß wie das Dreieck ACB; so ist EG zweimal so groß, wie das Viereck ABCD. Das Rechteck wird aber durch die Multiplikation der Zahlenwerthe von HG und GF bestimmt; folglich ist das Viereck durch die Hälfte dieses Produktes bestimmt.

Anm. Die Fehlergrenze bei wirklichen Messungen ist, wenn a und b die beiden Höhen, d die Diagonale bezeichnet, die übrigen Buchstaben im Sinne der Anmerkung zu §. 16. genommen werden, $F = \frac{1}{2}(a + b + 2d) f$. Im vorliegenden Falle ist F = 0,10215, wenn f = 0,01 ist.

§. 21. Zusatz.

Da eine mehrseitige Figur jederzeit durch Diagonalen, die sich nicht schneiden, in Dreiecke zerlegt werden kann; so ist einleuchtend, wie der Flächeninhalt einer solchen Figur berechnet werden kann, wenn man zuvor entweder jedes einzelne Dreieck (nach §. 17.) ausgemessen oder immer zwei Dreiecke, die an einer Diagonale liegen, zu einem Vierecke vereinigt und (nach §. 20.) ausgemessen hat. Da ferner durch Parallellinien aus allen Winkelspitzen eine solche Figur in Dreiecke und Paralleltrapeze zerlegt werden kann; so läßt sich die Ausmessung derselben in vielen Fällen noch bequemer (nach §. 17. und §. 19.) bewirken.

Anm. 1. Ist eine Figur durch Abscissen und Ordinaten bestimmt (VII, 5. Anm. 2.) und kennt man das Maaß dieser Bestimmungslinien, so wird es leicht, das Maaß der Fläche daraus herzuleiten. Schon die oberflächliche Betrachtung der Figur 72. zeigt, daß man es mit Dreiecken und Paralleltrapezen zu thun hat, deren Grundlinien (als Ordinaten) gegeben und deren Höhen (als Unterschiede der gegebenen Abscissen) leicht zu berechnen sind. Ein sorgfältigeres Betrachten dieses Falles muß auf einen einfachen Ausdruck für diese Rechnung führen: Sind nämlich für eine durch die Figur gezogene Abscissenlinie, a, b, c, d, e, f die Abscissen und a', b', c', d', e', f' die Ordinaten der Winkelspitzen A, B, C, D, E, F, so ist die doppelte

Fläche der Figur: $(a-f)(a'+f')+(b-a)(b'+a')+(c-b)(c'+b')+(d-c)(d'+c')+(e-d)(e'+d')+(f-e)(f'+e')$, wenn man auf die zu diesen Linien gehörigen Zeichen die in der Algebra üblichen Regeln anwendet.

Anm. 2. Die Bestimmung des Flächeninhalts der Dreiecke durch Messung der Grundlinie und Höhe liegt als die einfachste allen übrigen Messungsarten zum Grunde.

D. Ausmessung regelmäßiger Figuren des Kreises und der Kreistheile.

§. 22. Aufgabe.

Aus dem großen Halbmesser eines gleichseitigen Dreiecks den kleinen Halbmesser, die Seite, den Umfang und die Fläche zu berechnen.

Auflösung.

Es sei (Fig. 122.) in den Kreis um M das gleichseitige Dreieck ABC eingeschrieben. Von M sei der Radius MA gezogen, den wir als großen Halbmesser der Figur (IX, 14.) durch r bezeichnen wollen. Ferner ist von M auf die Seite AB das Perpendikel MD gefällt, das wir als kleinen Halbmesser durch h bezeichnen. r und h sind Zahlen, welche die Länge der betreffenden Linien nach denselben Einheiten darstellen. In D ist die Seite AB halbirt. wir bezeichnen die Länge der halben Seite AD durch s nach derselben Maaßeinheit. Der gesuchte Umfang der Figur in demselben Maaße heiße u, und der Flächeninhalt der Figur, auf die Quadratgröße der zur Messung von r, h, s und u benutzten Längeneinheit bezogen, sei durch die Zahl f angedeutet. Es soll nun h, s, u und f in Zahlen bestimmt werden; wenn r bekannt ist.

Man verlängere MD über D hinaus bis E im Umfange des Kreises und ziehe AE. Da Bogen AB der dritte Theil des Umfanges und Bogen AE die Hälfte des Bogens AB ist; so ist Bogen AE ein Sechstel des Kreises, und die Sehne desselben, AE, ist dem Radius AM und ME gleich, so daß MAE ein gleichseitiges Dreieck ist, in welchem ein Perpendikel aus der Spitze A die Grundlinie ME in D halbirt (IV, 8.). Es ist also $MD = \frac{1}{2} ME$ oder

$$h = \frac{1}{2} r.$$

Nun ist aber auch $AD^2 = AM^2 - MD^2$ oder $s^2 = r^2 - \frac{1}{4} r^2$ oder $s^2 = \frac{3}{4} r^2$, woraus folgt:

$$s = \frac{1}{2} r \sqrt{3}.$$

Da nun u = 3mal 2s sein muß; so ist

$$u = 3r\sqrt{3}.$$

Da endlich die Fläche des Polygons einem Dreiecke gleich ist, das den Umfang zur Grundlinie und den kleinen Halbmesser zur Höhe hat; so ist $f = \frac{hu}{2}$ oder

$$f = \tfrac{3}{4}r^2\sqrt{3}.$$

Anm. Es wird hier die Bekanntschaft mit den ersten Elementen der Algebra vorausgesetzt, daher auch jedem zu eigener Entwicklung die Umformung der hier gefundenen Ausdrücke überlassen, aus der man ableitet, wie, wenn überhaupt nur eine der Zahlen r, s, h, u, f bekannt ist, jede andere daraus gefunden werden kann.

Sollte z. B. die Fläche aus der halben Seite berechnet werden; so ist 1) $r = \frac{2s}{\sqrt{3}}$; also 2) $f = \frac{3}{4}\left(\frac{2s}{\sqrt{3}}\right)^2\sqrt{3}$ d. h. $f = s^2\sqrt{3}$. Alle solche Berechnungen sind leichte Anwendungen der ersten algebraischen Regeln. Man übersieht leicht, daß die hier an der Seite AB vorgenommene Construction auf die Seite jedes Polygons von beliebiger Seitenzahl Anwendung findet, und daß, wenn n die Seitenzahl des Polygons bezeichnet, für alle regelmäßigen Figuren die Formeln gelten:

$$1)\ s = \sqrt{r^2 - h^2} \qquad 2)\ u = 2ns \qquad 3)\ f = \tfrac{1}{2}hu.$$

Es wird daher in allen hieher gehörigen Aufgaben darauf ankommen, h aus r zu bestimmen, um daraus s, u und f auffinden zu können.

§. 23. Aufgabe.

Aus dem großen Halbmesser eines Quadrates den kleinen Halbmesser, die halbe Seite, den Umfang und den Flächeninhalt zu finden.

Auflösung.

Es sei in den Kreis um M (Fig. 123.) ein Quadrat mit der Seite AB eingeschrieben; so ist entsprechend der §. 1. gegebenen Construction AM = r, MD = h, AD = s, Bogen AE = ½ AB und da AB ein Viertelkreis ist, so ist Bogen AE ein Achtelkreis und der zugehörige Centriwinkel AME ist daher ein halber rechter. Da nun im Dreieck AMD der Winkel ADM ein rechter, der Winkel AMD ein halber rechter ist; so muß auch MAD ein halber rechter sein. Es ist also

Winkel AMD = DAM, also DM = AD, oder h = s. Nun ist $r^2 = h^2 + s^2$; also $r^2 = 2h^2$, $h^2 = \frac{r^2}{2}$ daher

$$h = \tfrac{1}{2} r \sqrt{2} \qquad s = \tfrac{1}{2} r \sqrt{2} \qquad u = 4 r \sqrt{2} \qquad f = 2 r^2.$$

§. 24. Aufgabe.

Aus dem großen Halbmesser eines regelmäßigen Fünfecks den kleinen Halbmesser, die halbe Seite, den Umfang und den Flächeninhalt zu finden.

Auflösung.

Es sei in den Kreis um M (Fig. 124.) ein regelmäßiges Fünfeck mit der Seite AB eingeschrieben, der große Halbmesser MA, und zur Seite AB der kleine Halbmesser MD gezogen. Es läßt sich zunächst AB die Seite des Fünfecks als Sehne zum Fünftelkreis (nach IX, 4, b.) aus der Sechstelsehne r und der Zehntelsehne berechnen. Nennen wir nämlich diese Zehntelsehne x; so ist

$$x^2 = r(r - x) \text{ und daraus } x = \tfrac{1}{2} r (\sqrt{5} - 1).$$

Dann ist aber $AB^2 = r^2 + x^2$ (IX, 4, b.) oder

$$4s^2 = r^2 + \frac{r^2}{4}(\sqrt{5} - 1)^2, \text{ und daraus } s^2 = \tfrac{1}{8} r^2 (5 - \sqrt{5})$$

$$s = \tfrac{1}{4} r \sqrt{2(5 - \sqrt{5})} \qquad h = \tfrac{1}{4} r (\sqrt{5} + 1)$$

$$u = \tfrac{5}{2} r \sqrt{2(5 - \sqrt{5})} \qquad f = \tfrac{5}{8} r^2 \sqrt{2(5 + \sqrt{5})}.$$

§. 25. Aufgabe.

Aus dem großen Halbmesser des regelmäßigen Funfzehnecks den kleinen Halbmesser, die halbe Seite, den Umfang und den Flächeninhalt zu finden.

Auflösung.

In den Kreis um M (Fig. 125.) sei ein regelmäßiges Funfzehneck mit der Seite AB eingeschrieben. Man erweitere den Bogen AB; so daß AF dem sechsten Theil der Kreislinie gleich wird; dann ist BF der zehnte Theil. Nun ziehe man den Radius MF und darauf senkrecht die Linien AG und BH, erstere verlängert bis K und letztere bis L in der Peripherie. Dann ist Bogen AF = FK und BF = FL. Es ist also Bogen AFK ein Drittelkreis und Bogen BFL ein Fünftelkreis, daher ist AK die Dreiecksseite, MG der kleine Halbmesser des eingeschriebenen Dreiecks, eben so ist BL die Fünfecksseite und MH der kleine Halbmesser des eingeschriebenen Fünfecks. Ist daher MF = r, so hat man

$$MG = \tfrac{1}{2}r,\quad AG = \tfrac{1}{2}r\sqrt{3},\quad MH = \tfrac{1}{4}r(\sqrt{5}+1),\quad BH = \tfrac{1}{4}r\sqrt{2(5-\sqrt{5})}.$$

Zieht man nun noch BN senkrecht auf AG; so ist $BA^2 = BN^2 + NA^2$.

Es ist aber $BN = HG = MH - MG = \tfrac{1}{4}r(\sqrt{5}+1) - \tfrac{1}{2}r,$

$$AN = AG - GN = AG - BH = \tfrac{1}{2}r\sqrt{3} - \tfrac{1}{4}r\sqrt{2(5-\sqrt{5})}.$$

Die Rechnung ergiebt hieraus

$$BN = \tfrac{1}{4}r(\sqrt{5}-1) \qquad AN = \tfrac{1}{4}r\left(2\sqrt{3}-\sqrt{2(5-\sqrt{5})}\right),$$

$$4s^2 = BN^2 + AN^2 = \tfrac{1}{16}r^2\left(2\sqrt{3}-\sqrt{2(5-\sqrt{5})}\right)^2 + \tfrac{1}{16}r^2(\sqrt{5}-1)^2.$$

Daraus folgt endlich:

$$s = \tfrac{1}{4}r\sqrt{7-\sqrt{5}-\sqrt{6(5-\sqrt{5})}}$$

$$h = \tfrac{1}{4}r\sqrt{9+\sqrt{5}+\sqrt{6(5-\sqrt{5})}}$$

$$u = \tfrac{15}{2}r\sqrt{7-\sqrt{5}-\sqrt{6(5-\sqrt{5})}}$$

$$f = \tfrac{15}{8}r^2\sqrt{7+\sqrt{5}-\sqrt{6(5+\sqrt{5})}}.$$

Anm. In den bisher betrachteten regulären Figuren war es möglich h aus r zu berechnen. Dies ist bei allen regulären Figuren der Fall, die geometrisch construirt werden können. Wir würden daher hier auch das Sechseck und das Zehneck in gleicher Weise haben behandeln können. Diese Behandlung ist aber hier übergangen, weil diese Figuren auch unter die nun folgende allgemeinere Aufgabe gehören.

§. 26. Aufgabe.

Aus dem großen und kleinen Halbmesser einer beliebigen regelmäßigen Figur den kleinen Halbmesser der regulären Figur von doppelter Seitenzahl zu finden, die denselben großen Halbmesser hat.

Auflösung.

Es sei AB (Fig. 126.) die Seite eines regulären n-Ecks, das in den Kreis um M eingeschrieben ist. Von M sei auf AB das Perpendikel MC gefällt. Dies ist der gegebene kleine Halbmesser der Figur h, und der Radius AM oder BM = r ist der gegebene große Halbmesser. Verlängert man MC bis zum Peripheriepunkte D und zieht DA; so ist dies die Seite des 2n-Ecks und das Perpendikel ME dazu ist der gesuchte kleine Halbmesser des 2n-Ecks, den wir durch h' bezeichnen wollen.

Da die Winkel ACM und AEM rechte sind; so hat man über AM als Grundlinie, nach derselben Seite hin, zwei Dreiecke ACM, AEM mit gleichen Winkeln an der Spitze. Es läßt sich also durch AECM ein Kreis beschreiben (IX. Schlußbemerkung 1). Also ist auch Rechteck DE.DA = DC.DM oder

$$2\,DE^2 = (r - h)\,r \text{ und } DE^2 = \tfrac{1}{2}r^2 - \tfrac{1}{2}rh.$$

Nun ist
$$ME^2 = DM^2 - DE^2; \text{ also}$$
$$h'^2 = r^2 - \tfrac{1}{2}r^2 + \tfrac{1}{2}rh = \tfrac{1}{2}r\,(r+h) \text{ folglich}$$
$$h = \sqrt{\tfrac{1}{2}r\,(r+h)}.$$

Man kann nach dieser einfachen Formel den kleinen Halbmesser des Sechsecks aus dem des Dreiecks, und den kleinen Halbmesser des Zehnecks aus dem des Fünfecks berechnen, und überhaupt von einer Figur mit bekanntem kleinen und großen Halbmesser ausgehend, alle Figuren berechnen, die in demselben Kreise durch Verdoppelung der Seitenzahl entstehen. Bezieht man die Zeichen h', s', u', f' auf Figuren von doppelter Seitenzahl $2n$, während die Zeichen h, s, u, f zu Figuren der einfachen Seitenzahl n gehören; so ist

$$h' = \sqrt{\tfrac{1}{2}r\,(r+h)}, \quad s' = \sqrt{\tfrac{1}{2}r\,(r-h)}, \quad u' = 4n\sqrt{\tfrac{1}{2}r\,(r-h)},$$
$$f' = nr\sqrt{r^2 - h^2}.$$

Anm. Da $\sqrt{r^2 - h^2} = s$, so ist auch
$$f' = nrs.$$
Es ist aber auch
$$f = nhs.$$
Folglich ist
$$f' = \frac{rf}{h}$$

Hieraus ergiebt sich folgender für die Berechnung der Polygone sehr wichtige

Zusatz.

Wenn man die Zahl, welche den Flächeninhalt eines regelmäßigen Vielecks ausdrückt, mit der Zahl, welche die Länge des großen Halbmessers angiebt, multiplizirt und das erhaltene Produkt durch die Zahl dividirt, welche der Länge des kleinen Halbmessers entspricht; so erhält man als Quotienten eine Zahl, die den Flächeninhalt des regelmäßigen Vielecks von doppelter Seitenzahl angiebt, das denselben großen Halbmesser hat.

Da ferner $f' = \frac{rf}{h}$ und $u = \frac{2f}{h}$, so ist

$$\text{auch } u = 2\frac{f'}{r}.$$

Hieraus folgt der

Zusatz.

Der Umfang eines in einen Kreis eingeschriebenen regulären Polygons wird gefunden, wenn man die doppelte Fläche des eingeschriebenen regulären Polygons von doppelter Seitenzahl mit dem Radius dividirt.

Es sind in diesem Zusatze die Ausdrucke Umfang, Fläche, Radius rc. für die Zahlen gesetzt, welche das Maaß dieser Großen bezeichnen.

§. 27. Lehrsatz.

Wenn man den Radius eines Kreises als Einheit des Längenmaaßes, also auch das Quadrat des Radius als Einheit des Flächenmaaßes, betrachtet; so zeigt die Zahl

3,141593

bis auf Milliontheile genau an, wie oft 1) das Quadrat des Radius in der Kreisfläche und 2) die Länge des Durchmessers in dem Umfange enthalten ist.

Beweis.

Wenn man den Radius eines Kreises als Einheit ansieht, so ist die Fläche des eingeschriebenen Quadrates durch die Zahl 2 und der kleine Halbmesser durch $\frac{1}{2}\sqrt{2}$ dargestellt (X,23). Den kleinen Halbmesser des eingeschriebenen regulären Polygons von doppelter Seitenzahl, so wie den Flächeninhalt, findet man dann nach der im vorigen §. gewählten Bezeichnung aus den Formeln

$$h' = \sqrt{\tfrac{1}{2}(1+h)} \text{ und } f' = \frac{f}{h}.$$

Der Umfang der Figur ist aber aus dem Flächeninhalt der Figur mit doppelter Seitenzahl abzuleiten, nach der Formel

$$u = 2f'.$$

Wenn man nach diesen Formeln rechnet; so findet man fur die aus dem eingeschriebenen Viereck durch fortgesetzte Verdoppelung der Seiten hergeleiteten eingeschriebenen regelmäßigen Figuren die in der folgenden Tafel enthaltenen Werthe:

halber Centri-Winkel	Seitenzahl	kleiner Halbmesser	Flächeninhalt	Umfang
45°	4	0,7071068	2,000000	5,656854
22° 30′	8	0,9238795	2,828427	6,122936
11° 15′	16	0,9807853	3,061468	6,242891
5° 37′ 30″	32	0,9951148	3,121446	6,273100
2° 48′ 45″	64	0,9987995	3,136550	6,280966
1° 24′ 22,5″	128	0,9996987	3,140333	6,282556
42′ 11,2″	256	0,9999247	3,141278	6,283032
21′ 5,6″	512	0,9999811	3,141516	6,283147
10′ 32,8″	1024	0,9999953	3,141574	6,283177
5′ 16,4″	2048	0,9999988	3,141589	6,283184
2′ 38,2″	4096	0,9999996	3,141592	6,283186
1′ 19,1″	8192	0,9999999	3,141593	— — —

Die Zahlen der ersten Spalte werden durch fortgesetzte Halbirungen auseinander abgeleitet, die Zahlen der zweiten Spalte durch fortgesetzte Verdoppelungen. Jede Zahl der dritten Spalte findet man, wenn man die darüberstehende um 1 vermehrt, die Summe halbirt, und aus der halben Summe die Quadratwurzel zieht. Die Zahlen der vierten Spalte findet man, wenn man jedesmal in der vorhergehenden Reihe die Zahl der vierten Spalte durch die Zahl der dritten dividirt. Die Zahl der fünften Spalte findet man, wenn man jedesmal die Zahl der nächsten Reihe in der vierten Spalte verdoppelt. Man hat nun für das 8192-Eck einen kleinen Halbmesser gefunden, der nicht um den zehnmillionten Theil von $r = 1$ abweicht. Achtet man auf eine so geringe Abweichung nicht; so kann man sowohl diesen kleinen Halbmesser als auch jeden folgenden $= 1$ annehmen; dann bleiben aber auch die Flächen fortdauernd der Zahl 3,141593 gleich. Es ist also die Fläche des größesten eingeschriebenen Polygons dieser Reihe, 3,141593 mal so groß als das Quadrat des Radius, und der Umfang dieses Polygons 3,141593 mal so groß als der doppelte Radius. Bis in die Milliontheile geben also diese Zahlen auch die Kreisfläche richtig an, da alle größeren Flächen und Umfänge der folgenden Polygone dieser Reihe nur noch in den kleineren Bruchstellen der Zehnmilliontel, Hundertmilliontel u. s. w. wachsen können. Um daher eine noch größere Uebereinstimmung zu erhalten, müßte man eine Tabelle berechnen, die von Anfang an mehr Decimalstellen enthielte. Für zwölf Decimalstellen schließt die dritte Spalte mit der Zahl $h = 0{,}999999999999$ und die vierte Spalte mit 3,141592653654, welche Zahl natürlich in den ersten 6 Stellen mit der in unserer Tabelle enthaltenen übereinstimmt. Man hat dieser Zahl den Namen der

Ludolfschen Zahl gegeben, weil ein Mathematiker Ludolph van Ceulen († i. J. 1610) sie zuerst auf 35 Decimalbruchstellen berechnet hat. In neuester Zeit ist diese Zahl von Clausen in Dorpat bis auf 250 Decimalstellen berechnet worden. Die übliche Bezeichnung dieser Zahl ist π, der Anfangsbuchstabe des griechischen Wortes περιφέρεια (Peripherie). Es ist also

1) der Kreisumfang $2 r \pi$

2) die Kreisfläche $r^2 \pi$.

§. 28. Aufgabe.

Die Länge eines in Graden, Minuten und Secunden angegebenen, mit einem gegebenen Radius beschriebenen Kreisbogens in Theilen des Halbmessers zu bestimmen.

Auflösung.

Es sei ein Kreis-Bogen mit dem Radius r beschrieben, und die Größe des Bogens in Graden, Minuten und Secunden gegeben. Man verwandele denjenigen Theil dieser Angabe, der kleiner als ein Grad ist, in den Bruch eines Gradbogens, und nenne, auf diese Einheit bezogen, die Anzahl der Grade a.

Da der Kreis 360 Grad und die Länge $2 r \pi$ hat, so ist die Länge eines Grades $\frac{r\pi}{180}$, also die Länge des rectificirten oder gestreckten Bogens b

$$b = \frac{ar\pi}{180}.$$

Anm. Die Größe eines Bogens in Graden zu bestimmen; wenn er in einem Kreise, dessen Radius r ist, die Länge b erhalten soll, dient die Umkehrung der obigen Formel

$$a = \frac{180 b}{r\pi}$$

§. 29. Aufgabe.

Den Flächeninhalt eines Kreisausschnitts zu berechnen; wenn der Radius und die Größe des zugehörigen Bogens im Gradmaaß gegeben ist.

Auflösung.

Ist a die Angabe des Bogenmaaßes, auf die Gradeinheit bezogen; so wird, da jeder zu einem Gradbogen gehörige Kreisausschnitt den 360sten Theil der ganzen Kreisfläche ausmacht, die Fläche des Ausschnitts f, der a solcher Ausschnitte enthält, sein

$$f = \frac{ar^2 \pi}{360}$$

Anm. Da $f = \frac{1}{2} \frac{ar\pi}{180} r$; so ist also der Ausschnitt einem Dreiecke gleich, das den gestreckten Bogen zur Grundlinie und den Radius zur Höhe hat.

§. 30. Aufgabe

Den Flächeninhalt eines Kreisabschnitts von gegebenem Radius und gegebenem Bogenmaaß zu berechnen.

Auflösung.

Ist (Fig. 127.) ein Kreisabschnitt mit dem Bogen AB, dessen Bogenmaaß a Grade beträgt, gegeben, der zu dem Radius CB = r gehört; so denke man sich in B auf BC ein Perpendikel BD errichtet, das dem gestreckten Bogen BA gleich ist, und auf diese Linie von A aus das Perpendikel AF gefällt. Zieht man dann die Linien DC und FC, so ist das Dreieck DFC an Flächeninhalt dem Abschnitte AB gleich. Zieht man nämlich noch den Radius AC; so ist

Ausschnitt ABC = △ ABC + Abschnitt AB,
Ausschnitt ABC = △ BDC, (X, 29. Anm.)
△ ABC = △ BFC; also
△ BDC = △ BFC + Abschnitt AB d. i.
△ BDC — △ BFC = Abschnitt AB,
△ DCF = Abschnitt AB.

Zieht man nun das Perpendikel AE von A auf BC, so ist einleuchtend, daß dies die halbe Sehne des doppelten Bogens AB ist. Das Dreieck DFC hat zur Grundlinie DF = DB — FB = DB — AE und zur Höhe BC.

Es ist also der Kreisabschnitt einem Dreiecke gleich, das zur Grundlinie den Unterschied des gestreckten Bogens und der halben Sehne des Doppelbogens, zur Höhe den Radius hat. Nennt man die halbe Sehne des Doppelbogens s; so ist die Fläche des Segments f ausgedrückt durch

$$f = \frac{1}{2} (b - s) r.$$

Man hat also nur nöthig, b und s in Theilen des Halbmessers auszudrücken. Für b ist die Regel in §. 28. gegeben; für s können in gewissen Fällen die

Maaße der halben Polygonseiten in Anwendung kommen. Sonst muß die Länge dieser Linien entweder direkt gemessen oder aus berechneten Tafeln entnommen werden, welche man in der Trigonometrie kennen lernt.

§. 31.

Schlußbemerkungen zum X. Abschnitt.

a) Da jede von Geraden und Kreisbogen begrenzte ebene Figur sich in Dreiecke und Abschnitte zerlegen läßt, so ist auch die Ausmessung einer jeden solchen Figur nach den in diesem Abschnitte gelehrten Regeln ausführbar. Die direkte Verwandlung des Kreises in eine von geraden Linien eingeschlossene Figur, durch geometrische Construktion, läßt sich nicht bewerkstelligen, wenn auch in gewissen Fällen Figuren, die von lauter Kreisbogen eingeschlossen werden, geradlinigen Figuren gleich sind, wie dies bei den sogenannten Mondstücken (Menisken, Lunuln) des Hippokrates der Fall ist.

Ist nämlich in einen Halbkreis um M (Fig. 128.), dessen Durchmesser AC ist, das rechtwinklige Dreieck ABC eingetragen, und über jeder Kathete wieder ein Halbkreis errichtet; so sind die beiden Mondstücke a und b, welche, außerhalb des großen Halbkreises liegend, von den Bogentheilen desselben nach innen hin, und von den kleineren Halbkreisen nach außen hin begrenzt werden, zusammengenommen mit dem Dreieck ABC flächengleich.

Es ist nämlich $AC^2 = AB^2 + BC^2$, daher auch

$$\tfrac{1}{8}AC^2\pi = \tfrac{1}{8}AB^2\pi + \tfrac{1}{8}BC^2\pi.$$

Der Halbkreis um AC ist also so groß wie die Halbkreise von AB und BC zusammengenommen. Nimmt man nun von dem Halbkreise AC die beiden Abschnitte über AB und BC fort; so bleibt das Dreieck ABC übrig. Nimmt man dieselben beiden Abschnitte von den beiden kleinern Halbkreisen hinweg; so bleiben die beiden Mondstücke a und b. Diese sind also dem Dreieck gleich.

Wenn das Dreieck ein gleichschenkliges ist; so sind beide Mondstücke einander, und daher jedes dem halben Quadrat des Radius gleich.

b) Ringstücke, d. i. Flächen, die von concentrischen Kreisen eingeschlossen werden, lassen sich als Unterschiede zweier Kreise leicht berechnen. Sind die Radien eines solchen Ringstückes r und r'; so ist die Fläche

$$f = (r^2 - r'^2)\pi = (r + r')(r - r')\pi.$$

Daß die Fläche eines Ringstückes einem Kreise gleich ist, dessen Durchmesser zugleich Tangente des kleineren und Sehne des größeren Kreises ist, ergiebt sich aus der Anmerkung des 25sten Satzes im achten Abschnitt.

Anhang zum ersten Cursus.

Uebungsaufgaben zu den zehn Abschnitten des ersten Cursus.

Zu den Lehrsätzen sollen die Beweise, zu den Aufgaben die Auflösungen und Beweise gesucht werden.

I. Uebungsaufgaben, deren Lösung sich aus den Sätzen der ersten drei Abschnitte ergiebt.

1. Lehrsatz. Wenn von drei ungleichen Größen gleicher Art die größeste kleiner ist als die anderen beiden zusammengenommen; so sind jede zwei zusammengenommen größer als die dritte.

2. Lehrsatz. Jeder Punkt auf einer Sehne eines Kreiser hat von dem Mittelpunkte desselben eine Entfernung, die kleiner als der Radius ist.

3. Lehrsatz. Jeder Punkt auf der Verlängerung einer Sehne hat von dem Mittelpunkte des zugehörigen Kreises eine Entfernung, die größer als der Radius ist.

4. Lehrsatz. Der Abstand zweier Punkte innerhalb des Kreises ist kleiner als der Durchmesser.

5. Lehrsatz. Der kürzeste und längste Abstand eines Punktes von der Peripherie eines Kreises in derselben Ebene liegt auf der geraden Linie, welche durch diesen Punkt und den Mittelpunkt geht. Jede andere von diesem Punkte nach einem Peripheriepunkt gezogene Gerade ist immer größer, je weiter ihr Peripheriepunkt von dem Peripheriepunkte des kürzesten Abstandes entfernt ist.

6. Lehrsatz. Eine gerade Seite einer beliebigen Figur ist kürzer als der übrige Umfang derselben.

7. Lehrsatz. In jeder geradlinigen dreiseitigen Figur ist eine Seite größer als der Unterschied der beiden anderen.

8. Lehrsatz. Wenn man einen Punkt einer Ebene mit drei anderen in derselben durch gerade Linien verbindet; so sind diese zusammengenommen größer als die Hälfte der drei Verbindungslinien jener Punkte unter sich.

9. Lehrsatz. Wenn man von den Punkten, wo die Seiten einer beliebigen geradlinigen Figur zusammenstoßen, gerade Linien nach einem im Innern der Figur gegebenen Punkte zieht, so sind diese zusammen größer als der halbe Umfang der Figur.

10. Lehrsatz. Linien die von zweien Punkten der Peripherie eines Halbkreises nach einem Punkte des zugehörigen Durchmessers oder dessen Verlängerung gezogen werden, sind ungleich, wenn dieser Punkt nicht der Mittelpunkt des Kreises ist.

11. Aufgabe. Es sind zwei ungleiche gerade Linien gegeben; zwei andere sollen gefunden werden; so daß beide vereinigt einer gegebenen, und der Unterschied beider, der anderen gegebenen gleich ist.

12. Lehrsatz. Wenn von einem außerhalb einer begrenzten geraden Linie gegebenen Punkte nach den Endpunkten derselben und einem dazwischenliegenden Punkte drei Linien gezogen werden; so ist die Vereinigung der beiden äußeren dieser Linien kleiner, als die Vereinigung des Doppelten der mittleren mit der gegebenen Linie.

13. Lehrsatz. Von zwei ungleichen Winkeln hat der größere den kleineren Nebenwinkel.

14. Lehrsatz. Der Unterschied eines Winkels von seinem Nebenwinkel ist doppelt so groß als der Unterschied desselben von einem rechten.

II. Uebungsaufgaben, deren Lösung sich aus den ersten vier Abschnitten ergiebt.

15. Aufgabe. Einen Punkt zu finden, der von zwei gegebenen Punkten eine gleiche gegebene Entfernung hat, die nicht kleiner ist als der halbe Abstand der beiden gegebenen Punkte.

16. Lehrsatz. Zwei Perpendikel auf den Schenkeln eines Winkels im Scheitelpunkte errichtet, schneiden sich unter demselben Winkel.

17. Aufgabe. Wenn die Summe und der Unterschied zweier Winkel gegeben ist, die beiden Winkel zu finden.

18. Aufgabe. Eine Linie zu finden, auf welcher jeder Punkt gleichweit von zweien in der Ebene gegebenen Punkten absteht.

19. Lehrsatz. Wenn von vier Winkeln um einen Punkt herum zwei mit verschiedenen Schenkeln gleich sind; so haben die anderen beiden eine gemeinschaftliche Halbirungslinie.

20. Lehrsatz. Das Perpendikel auf der Halbirungslinie eines Winkels im Scheitelpunkte errichtet und nach beiden Seiten verlängert, schließt mit den Schenkeln desselben gleiche Winkel ein.

21. Lehrsatz. Wenn man die Endpunkte zweier Kreisdurchmesser durch Sehnen verbindet; so entsteht eine vierseitige Figur, in welcher jede zwei gegenüberstehende Seiten und alle Winkel einander gleich sind.

22. Aufgabe. Ein rechtwinkliges Dreieck zu construiren, wenn zwei Seiten desselben bekannt sind (entweder die den rechten Winkel einschließenden, oder die Gegenseite des rechten Winkels und noch eine der anderen Seiten).

23. Aufgabe. Ein Dreieck zu construiren, wenn zwei Seiten desselben und der kleinste Abstand ihres Durchschnittspunktes von der dritten Seite gegeben sind. (Es sind zwei Dreiecke möglich.)

24. Lehrsatz. Wenn ein Durchmesser und eine Sehne sich senkrecht durchschneiden und die Endpunkte dieser Linien in der Peripherie durch Sehnen verbunden werden; so enthält die entstandene vierseitige Figur gleiche Seiten an ungleichen Winkeln und gleiche Winkel an ungleichen Seiten.

25. Lehrsatz. Wenn die Verlängerungen zweier gleichen Sehnen eines Kreises sich schneiden, so sind sie von der Peripherie bis zum Durchschnittspunkte gleich.

26. Lehrsatz. Wenn zwei gleiche Sehnen sich innerhalb des Kreises durchschneiden; so sind die Abschnitte der einen Sehne den Abschnitten der anderen einzeln verglichen gleich.

27. Aufgabe. Von einem gegebenen Punkte außerhalb eines gegebenen Kreises zwei gerade Linien zu ziehen, welche gleiche Sehnen von gegebener Größe bilden.

28. Lehrsatz. Eine der geraden Linien, welche die Winkel halbirt, unter denen zwei gleiche Sehnen desselben Kreises sich schneiden, geht durch den Mittelpunkt des Kreises.

29. Aufgabe. Zwei auf einer Seite einer der Lage nach gegebenen unbegrenzten geraden Linie gegebenen Punkte durch eine einmal gebrochene Linie (die aus zwei Geraden besteht, welche einen Winkel bilden) dergestalt zu verbinden; daß der Brechungspunkt (Scheitelpunkt des Winkels, den die Bestandtheile der ge-

brochenen Linie bilden) in der gegebenen Geraden liegt und beide Bestandtheile der gebrochenen Linie einander gleich sind.

30. Aufgabe. Zwei Punkte auf verschiedenen Seiten einer der Lage nach gegebenen geraden Linie in derselben Weise zu verbinden, wie die vorige Aufgabe angiebt.

Anm. Die Aufgaben 29 und 30 sind auch unter gewissen Voraussetzungen zu lösen; wenn statt der Geraden, welche der Lage nach gegeben sein soll, ein Kreisbogen angenommen wird.

31. Aufgabe. Zwei auf einer Seite einer der Lage nach gegebenen Geraden liegende Punkte durch eine einmal gebrochene Linie dergestalt zu verbinden, daß der Brechungspunkt auf dieser gegebenen Geraden liegt, und die Bestandtheile der gebrochenen Linie gleiche Winkel mit der gegebenen bilden.

32. Aufgabe. Zwei auf verschiedenen Seiten einer der Lage nach gegebenen geraden Linie so zu verbinden, wie die vorige Aufgabe angiebt.

III. Uebungsaufgaben, deren Lösung sich aus den ersten fünf Abschnitten ergiebt.

33. Lehrsatz. Zwei Perpendikel auf zwei verschiedenen Linien haben dieselbe Richtungsabweichung, welche diese Linien haben.

34. Lehrsatz. Parallelen, welche von einer Linie gleiche Stücke abschneiden, schneiden von jeder anderen geraden Durchschnittslinie gleiche Stücke ab.

35. Lehrsatz. Eine Linie, welche durch den Halbirungspunkt irgend einer Verbindungslinie zweier Parallellinien geht und mit denselben parallel ist, halbirt jede andere Verbindungslinie derselben.

36 Lehrsatz. Wenn man zwei Linien, welche zwei gegebene Parallellinien verbinden, halbirt und durch beide Halbirungspunkte eine gerade Linie zieht, so ist diese eine dritte Parallele zu den beiden gegebenen.

37. Aufgabe. Von einem gegebenen Punkte aus eine gegebene gerade Linie so zu ziehen, daß durch zwei gegebene Parallelen ein gegebenes Stück derselben abgegrenzt wird; welches nicht kleiner ist als der Perpendikelabstand beider Parallelen.

38. Aufgabe. Eine Linie zu finden, die durch zwei aus gegebenen Punkten auf sie gefällte Perpendikel begrenzt, und durch einen dritten gegebenen Punkt halbirt wird.

39. Lehrsatz. Wenn man mehrere von einem Punkte nach einer gegebe-

nen geraden Linie gezogene Linien halbirt, so liegen die Halbirungspunkte sämmtlich in einer geraden Linie, welche der gegebenen parallel ist.

40. Lehrsatz. Wenn in einem Dreieck zwei Winkel zusammengenommen dem dritten gleich sind, so ist es ein rechtwinkliges.

41. Lehrsatz. Wenn in einem Dreieck die Linie, welche die Mitte einer Seite mit dem Scheitelpunkt des Gegenwinkels verbindet, der Hälfte jener Seite gleich ist; so ist das Dreieck ein rechtwinkliges und die halbirte Seite liegt dem rechten Winkel gegenüber.

42. Lehrsatz. Bei einem gleichschenkligen Dreieck ist der Außenwinkel an der Spitze doppelt so groß wie der Innenwinkel an der Grundlinie.

43. Lehrsatz. Die Halbirungslinien der Außenwinkel an der Grundlinie eines gleichschenkligen Dreiecks schneiden sich unter einem Winkel der dem Außenwinkel gleich ist.

44. Lehrsatz. Die Halbirungslinien zweier Außenwinkel eines Dreiecks schließen mit den Halbirungslinien der zugehörigen Innenwinkel ein Viereck ein, in welchem sich jede zwei Gegenwinkel zu zwei rechten ergänzen.

45. Aufgabe Es ist ein Dreieck gegeben, in welchem die Halbirungslinien zweier an einer Seite anliegenden Außenwinkel einen Winkel nach innen zu einschließen, der dem Gegenwinkel dieser Seite gleich ist. Man soll die Größe dieses Winkels angeben.

46. Lehrsatz. Die drei Halbirungslinien der Außenwinkel eines gleichseitigen Dreiecks schließen ein gleichseitiges Dreieck ein.

47. Aufgabe. Die drei Winkel eines Dreiecks zu bestimmen, wenn die drei Winkel desjenigen Dreiecks gegeben sind, das durch die Halbirungslinien der Außenwinkel des gesuchten Dreiecks gebildet wird.

48. Lehrsatz. Wenn die drei Seiten eines Dreiecks auf den drei Seiten eines anderen winkelrecht stehen, so sind beide Dreiecke winkelgleich, d. h. die Winkel des einen sind, einzeln verglichen, den Winkeln des andern gleich.

49. Aufgabe. Einen Winkel zu finden, der doppelt so groß wie sein Nebenwinkel ist.

50. Aufgabe. Eine Linie zu finden, auf welcher jeder Punkt gleiche Perpendikelabstände von zweien gegebenen (parallelen oder nicht parallelen) Linien hat.

51. Aufgabe. Einen Punkt auf einer Linie zu finden, der von zwei gegebenen geraden Linien gleiche Perpendikelabstände hat.

52. Aufgabe. Zwei gegebene gerade Linien durch eine dritte so zu schneiden, daß nach einer Seite hin gleiche innere Winkel entstehen.

53. Aufgabe. Einen rechten Winkel in drei gleiche Theile zu theilen.

54. Aufgabe. Ein Dreieck zu construiren, das einen gegebenen Umfang, eine gegebene Seite und an dieser Seite einen gegebenen Winkel hat.

55. Aufgabe. Ein Dreieck zu construiren, das einen gegebenen Umfang, eine gegebene Seite und einen gegebenen Gegenwinkel dieser Seite hat.

56. Aufgabe. Ein Dreieck zu construiren, das einen gegebenen Umfang und zwei gegebene Winkel hat.

57. Aufgabe. Ein Dreieck zu construiren, zu welchem, außer dem Umfang, eine Seite und der Unterschied der beiden anderen gegeben ist.

58. Aufgabe. Ein Dreieck zu construiren, zu welchem außer dem Umfange ein Winkel und der Unterschied der beiden anderen gegeben ist.

59. Aufgabe. Ein Dreieck zu construiren, zu welchem außer dem Umfange eine Seite und die Differenz der anliegenden Winkel gegeben ist.

60. Aufgabe. Ein Dreieck zu construiren, wenn die Summe zweier Seiten, der von diesen eingeschlossene Winkel und der Gegenwinkel einer dieser Seiten gegeben ist.

61. Aufgabe. Ein Dreieck zu construiren, wenn die Summe zweier Seiten und die beiden Gegenwinkel derselben einzeln gegeben sind.

62. Aufgabe. Ein Dreieck zu construiren, wenn eine Seite, der Unterschied der beiden anderen und der Gegenwinkel der gegebenen Seite bestimmt ist.

63. Aufgabe. Ein Dreieck zu construiren, wenn eine Seite, der Unterschied der beiden anderen und der Unterschied der beiden anliegenden Winkel gegeben ist.

64. Aufgabe. Ein rechtwinkliges Dreieck zu construiren, wenn die Hypotenuse und die Summe beider Katheten gegeben ist.

IV. Uebungsaufgaben, deren Lösung sich aus den ersten sechs Abschnitten ergiebt.

65. Aufgabe. Ein rechtwinkliges Dreieck zu construiren, wenn die Hypotenuse und die Differenz der Katheten gegeben ist.

66. Aufgabe. Ein rechtwinkliges Dreieck zu construiren, wenn eine Kathete und die Summe der beiden anderen Seiten gegeben ist.

67. Aufgabe. Ein rechtwinkliges Dreieck zu construiren, wenn eine Kathete und der Unterschied der beiden anderen Seiten gegeben ist.

68. Aufgabe. Ein rechtwinkliges Dreieck zu construiren, wenn der Unterschied beider Katheten und der Gegenwinkel der kleineren Kathete gegeben ist.

69 Aufgabe. Ein rechtwinkliges Dreieck zu construiren, wenn der Unterschied beider Katheten und der Gegenwinkel der größeren Kathete gegeben ist.

70. Aufgabe. Ein rechtwinkliges Dreieck zu construiren, wenn die Summe beider Katheten und ein spitzer Winkel gegeben ist.

71. Aufgabe. Ein Dreieck zu construiren, das mit einem gegebenen winkelgleich ist, dessen Seiten durch drei gegebene Punkte gehen nnd dessen eine Seite einer gegebenen Linie parallel ist.

72. Lehrsatz. Wenn eine beliebig gegebene gerade Linie mehrmal um ihre eigene Länge uber einen Endpunkt hinaus verlängert wird, und man errichtet über jedem dieser gleichen Abschnitte nach derselben Seite hin ein gleichseitiges Dreieck und verbindet die Spitzen dieser Dreiecke mit dem Anfangspunkte der gegebenen Linie: so werden durch diese Linien von derjenigen Seite des ersten Dreiecks, welche dem Anfangspunkte gegenüberliegt, genaue Theilstücke der gegebenen Linie abgeschnitten und zwar ist das Stück zwischen der gegebenen und der nach der Spitze des zweiten Dreiecks hin gezogenen Linie die Hälfte, das Stück zwischen der gegebenen und der nach der Spitze des dritten Dreiecks gezogenen Linie der dritte Theil der gegebenen Linie u. s. w.; so daß jedesmal durch die Zahl des Dreiecks, von dessen Spitze aus die Linie gezogen worden ist, der gefundene Theil bestimmt wird. Ferner schneidet jede dieser Linien von der Seite des vorhergehenden Dreiecks welche sie zuerst trifft, denselben bestimmten Theil der gegebenen Linie nach der Spitze hin ab, den sie von der Linie, welche sie zuletzt schneidet, nach der entgegengesetzten Seite hin abschneidet, so daß also die Linie von der vierten Spitze an der zuerst getroffenen Seite des dritten Dreiecks den vierten Theil der gegebenen Linie abschneidet, die dritte Linie von der Seite des zweiten Dreiecks den dritten Theil u. s. w.

73. Lehrsatz. Die drei Halbirungslinien der Innenwinkel eines Dreiecks treffen in einen Punkt zusammen. Desgleichen die Halbirungslinien zweier Außenwinkel und des nicht zu ihnen gehörigen Innenwinkels.

74. Lehrsatz, Die Diagonalen eines Parallelogramms halbiren sich.

75. Lehrsatz. Jedes Viereck, dessen Diagonalen sich halbiren, ist ein Parallelogramm.

76. Lehrsatz. Jede durch die Mitte einer Diagonale eines Parallelogramms gezogene Linie halbirt die Fläche desselben, und wird selbst durch die Diagonale halbirt.

77. Lehrsatz. Wenn man in einem Paralleltrapez beide Diagonalen halbirt und durch die Halbirungspunkte eine gerade Linie zieht; so ist diese den parallelen Seiten desselben parallel; auch ist die ganze Linie die halbe Summe und das Stück zwischen den beiden Diagonalen die halbe Differenz der parallelen Seiten.

78. Lehrsatz. Die Linien, welche man aus den Scheiteln zweier Gegenwinkel eines Parallelogramms nach den Halbirungslinien zweier Gegenseiten zieht, sind parallel und theilen die Diagonale, welche die andern Winkelspitzen verbindet, in drei gleiche Theile.

79. Lehrsatz. Durch die Linien, welche man von einer Winkelspitze eines Parallelogramms nach den Mitten der Seiten zieht, welche den Gegenwinkel einschließen, wird die Diagonale, welche diese Linien durchschneidet, in drei gleiche Theile getheilt.

80. Lehrsatz. Wenn man eine Diagonale eines Parallelogramms in drei Theile theilt und aus den Winkelspitzen, durch welche diese Diagonale nicht geht, gerade Linien durch die Theilpunkte zieht, so werden dadurch die vier Seiten des Parallelogramms halbirt.

81. Lehrsatz. Wenn man aus zwei entgegengesetzten Winkelspitzen eines Parallelogramms Linien nach den Mitten der Seiten zieht; so schließen diese ein Parallelogramm ein, das den dritten Theil der Fläche des gegebenen hat.

82. Lehrsatz. Wenn man von einer Winkelspitze eines Parallelogramms nach einer Seitenmitte eine Linie zieht, und von der Spitze des Gegenwinkels nach der Mitte der Gegenseite, und beide Linien durch zwei andere, die eben so aus den Scheiteln der andern beiden Winkel nach den Mitten der andern beiden Seiten gezogen sind, durchschneidet; so schließen diese Linien ein Parallelogramm ein, das dem fünften Theil des gegebenen gleich ist.

83. Lehrsatz. Wenn man eine Winkelspitze eines Parallelogramms mit den Halbirungspunkten der Seiten, die den Gegenwinkel einschließen, durch zwei gerade Linien und diese beiden Halbirungspunkte unter sich verbindet; so erhält man ein Dreieck, welches drei Achtel der Fläche des Parallelogramms enthält. Verfährt man auf dieselbe Weise auch mit dem Gegenwinkel des zuerst angenommenen und mit den Halbirungspunkten der Gegenseiten; so erhält man drei andere Linien, die mit den erstern ein Sechseck einschließen, das dem vierten Theile der Fläche des Parallelogramms gleich ist.

84. Lehrsatz. Wenn man die Seiten eines beliebigen Vierecks halbirt und den Halbirungspunkt einer jeden mit dem Halbirungspunkt der nächst anstoßenden verbindet; so schließen die Verbindungslinien ein Parallelogramm ein, dessen Fläche halb so groß ist, wie die des Vierecks und dessen Umfang der Summe beider Diagonalen gleich ist.

85. Lehrsatz. Wenn man die Halbirungspunkte zweier Gegenseiten eines Vierecks mit den Halbirungspunkten der Diagonalen verbindet; so entsteht ein Parallelogramm, dessen Umfang so groß ist, wie die beiden andern Seiten des Vierecks.

86. Lehrsatz. In einem Viereck mit gleichen Diagonalen grenzen diese mit einer durch die Halbirungspunkte zweier Gegenseiten gezogenen Linie ein gleichschenkliges Dreieck ab, dessen Winkel an der Spitze die beiden Diagonalen einschließen.

87. Lehrsatz. Wenn zwei Seiten eines Vierecks durch die Winkelspitzen eines Parallelogramms halbirt werden und die andern beiden Seiten durch die andern Winkelspitzen desselben gehen; so werden auch diese in diesen Punkten halbirt.

88. Lehrsatz. Vierecke, die mit den Halbirungspunkten ihrer Seiten zusammenfallen, sind flächengleich.

89. Lehrsatz. Wenn die Mitte einer Seite eines Vierecks von den drei Halbirungspunkten der übrigen Seiten gleichen Abstand hat; so ist dies auch bei der Mitte der Gegenseite der Fall.

90. Aufgabe. Ein Parallelogramm zu construiren, wenn eine Seite und außer der Diagonale aus dem einen Endpunkte derselben noch die Linie gegeben ist, welche von dem andern Endpunkte derselben nach der Mitte der Gegenseite gezogen werden kann.

91. Lehrsatz. Die gerade Linie, welche die Mitten zweier Gegenseiten eines unregelmäßigen Vierecks verbindet, halbirt sich mit der Linie, welche die Mitten der anderen beiden Gegenseiten verbindet.

92. Lehrsatz. Ein Dreieck, dessen Winkelspitzen zwischen die Endpunkte dreier Seiten eines Parallelogramms fallen, ist kleiner als die Hälfte desselben.

93. Lehrsatz. Die drei Perpendikel, welche man von einem beliebigen Punkte innerhalb eines gleichseitigen Dreiecks auf die Seiten fällt, sind zusammengenommen der Höhe des Dreiecks gleich.

94. Lehrsatz. Die drei Höhen eines spitzwinkligen Dreiecks sind zusammengenommen kleiner als der Umfang und größer als der halbe Umfang.

95. Lehrsatz. Wenn man von den Spitzen zweier Gegenwinkel eines Parallelogramms aus auf zwei Gegenseiten beliebige gleiche Stücke und auf die anderen beiden Gegenseiten ebenfalls beliebige gleiche Stücke aufträgt und die so erhaltenen Theilpunkte durch gerade Linien verbindet; so erhält man ein Parallelogramm, dessen Diagonalen sich mit dem des gegebenen in demselben Punkte durchschneiden.

96. Aufgabe. Ein Dreieck zu zeichnen, dessen Winkel gegeben sind und dessen Seiten durch die Winkelspitzen eines gegebenen Quadrates gehen.

97. Aufgabe. Ein Parallelogramm zu construiren, zu welchem zwei anstoßende Seiten und die zwischen ihnen liegende Diagonale gegeben sind.

98. Aufgabe. Ein Parallelogramm zu construiren, zu welchem eine Seite und beide Diagonalen gegeben sind.

99. Lehrsatz. Die Halbirungslinien aller Winkel eines Rechteckes schließen ein Quadrat ein, das den Unterschied beider Rechtecksseiten zur Diagonale hat.

100. Lehrsatz. Das Quadrat der Hypotenuse eines gegebenen rechtwinkligen Dreiecks, läßt sich in vier dem gegebenen congruente Dreiecke und ein Quadrat zerlegen, dessen Seite der Unterschied der Katheten des gegebenen Dreiecks ist.

101. Lehrsatz. Wenn man die beiden Quadrate der Katheten des rechtwinkligen Dreiecks so an einander legt, daß die eine Seite des einen in die eine Seite des andern fällt und eine Winkelspitze des einen in eine Winkelspitze des andern, so läßt sich das so entstandene Sechseck mit einspringendem Winkel, in vier dem gegebenen rechtwinkligen congruente Dreiecke und ein Quadrat zerlegen, das den Unterschied beider Katheten des Dreiecks zur Seite hat.

102. Zusatz (zu 100 und 101). Das Quadrat der Hypotenuse eines rechtwinkligen Dreiecks ist flächengleich mit den Quadraten der Katheten zusammengenommen.

103. Aufgabe. Ein Parallelogramm zu construiren, wenn der Umfang, eine Diagonale und der Winkel gegeben ist, welcher nicht an dieser Diagonale liegt.

104. Aufgabe. Ein Parallelogramm zu construiren, wenn eine Diagonale nebst den beiden Winkeln gegeben wird, welche dieselbe mit den anliegenden Seiten einschließt.

105. Aufgabe. Ein Parallelogramm zu zeichnen, so daß die Halbirungspunkte dreier auf einander folgender Seiten in den Winkelspitzen eines gegebenen Dreiecks liegen.

106. Aufgabe. Ein Parallelogramm zu zeichnen, wenn die Höhe, die Grundlinie und eine Diagonale gegeben sind.

107. Aufgabe. Ein Parallelogramm zu zeichnen, wenn die Höhe und beide Diagonalen gegeben sind.

108. Lehrsatz. Zwei Dreiecke von gleicher Höhe und gleichen Grundlinien sind congruent, wenn sie außerdem noch eine gleiche Seite haben.

109. Lehrsatz. Die drei Linien, welche von den Halbirungspunkten der Seiten eines Dreiecks nach den Spitzen der Gegenwinkel gezogen werden, treffen

in einen Punkt zusammen, und das Stück jeder Linie, welches zwischen diesem Durchschnittspunkt und der Seite liegt, ist ein Drittel der ganzen Linie.

110. Lehrsatz. Wenn man in einem Dreieck von den Winkelspitzen Linien nach den Mitten der Gegenseiten zieht und jede über die Seite hinaus um den dritten Theil ihrer eigenen Größe verlängert, dann die so erhaltenen Endpunkte durch drei Linien verbindet; so schließen diese ein Dreieck ein, das dem gegebenen congruent ist und dessen Seiten durch dieselben Linien halbirt sind.

111. Aufgabe. Ein Dreieck zu construiren, wenn die drei Linien gegeben sind, welche die Winkelspitzen mit den Halbirungspunkten der Gegenseiten verbinden.

112. Aufgabe. Ein Paralleltrapez zu construiren; wenn die beiden parallelen und die beiden nicht parallelen Seiten gegeben sind.

113. Aufgabe. Ein Paralleltrapez zu construiren; wenn zwei anstoßende Seiten und beide Diagonalen gegeben sind.

114. Lehrsatz. Zwei Dreiecke sind flächengleich, wenn zwei Seiten in beiden einzeln verglichen gleich sind, und die eingeschlossenen Winkel sich zu zweien rechten ergänzen.

V. Uebungsaufgaben, deren Lösung sich aus den ersten sieben Abschnitten ergiebt.

115. Lehrsatz. Beide Diagonalen eines vollen Vierecks sind zusammengenommen größer als der halbe Umfang und kleiner als der ganze Umfang.

116. Lehrsatz. In einem Fünfeck ist die Summe der fünf Diagonalen größer als der Umfang und kleiner als der Doppelumfang.

117. Lehrsatz. In einem Sechseck ist die Summe der drei mittleren Diagonalen größer als der halbe Umfang.

118. Aufgabe. Eine Figur zu zeichnen, die durch folgende Abscissen und Ordinaten bestimmt ist, wenn a eine beliebig gewählte kleine Linie bezeichnet:

Für den Punkt A ist die Abscisse + 3a die Ordinate + 3a
" " " B " " " + 5a " " + 6a
" " " C " " " + 8a " " + 4a
" " " D " " " + 6a " " + 1a.

119. Aufgabe. Eine Figur zu zeichnen, die auf ähnliche Art folgendermaaßen bestimmt ist:

Für den Punkt A ist die Abscisse $-1a$ die Ordinate $+1a$
. . . B . . . $+1a$ . . $+4a$
. . . C . . . $+4a$ . . $+2a$
. . . D . . . $+2a$ . . $-1a$

120. **Aufgabe.** Eine Figur zu zeichnen, die folgende Ordinaten und Abscissen hat.

Für den Punkt A ist die Abscisse $+1a$ die Ordinate $-1a$
. . . B . . . $+5a$ . . $+1a$
. . . C . . . $+2a$ . . $+4a$
. . . D . . . $-1a$ . . $+2a$

121. **Lehrsatz.** Wenn zwei Figuren dieselben Abscissen und gleich große, aber entgegengesetzte Ordinaten haben, so sind sie congruent.

122. **Lehrsatz.** Wenn zwei Figuren so beschaffen sind, daß wechselsweise die Abscissen der einen den Ordinaten der anderen einzeln verglichen gleich sind; so sind die Figuren congruent.

123. **Lehrsatz.** Wenn die Abscissen einer Figur einzeln genommen von den Abscissen der andern immer nur um gleiche Länge abweichen, und die Ordinaten ebenfalls um eine andere beliebige gleiche Länge, so sind die Figuren congruent.

124. **Aufgabe.** Ein beliebiges Rechteck und das ihm flächengleiche Quadrat in Dreiecke zu zerlegen, die einzeln verglichen in der einen Figur denen in der anderen congruent sind.

125. **Aufgabe.** Die flächengleichen Ergänzungsparallelogramme, welche in zwei Gegenwinkeln eines Parallelogramms liegen, und ihre gemeinsame Spitze in der Diagonale haben, welche die Scheitelpunkte der andern beiden Gegenwinkel verbindet, congruent zu theilen.

126. **Aufgabe.** Die flächengleichen Dreiecke, welche von den Theilen der Diagonalen und den nicht parallelen Seiten eines Trapezes eingeschlossen werden, congruent zu theilen.

127. **Aufgabe.** Zwischen zwei der Lage nach gegebenen Parallellinien ein Trapez von gegebenem Flächeninhalt zu construiren, dessen nicht parallele Seiten (wo möglich) durch zwei zwischen den Parallellinien gegebene Punkte gehen.

128. **Lehrsatz.** Wenn man in einem beliebigen concavwinkligen Sechseck alle Seiten halbirt, und die Halbirungspunkte je zweier anstoßenden Seiten durch Gerade verbindet; so schließen diese ein Sechseck ein, dessen Fläche größer ist als die Hälfte der gegebenen Figur, und zwar um den vierten Theil der Fläche der beiden Dreiecke, die von den 6 Diagonalen eingeschlossen werden, welche nach beliebiger Zählung die 1ste und 3te, 2te und 4te, 3te und 5te, 4te und 6te, 5te und 1ste Seite abschneiden.

129. Aufgabe. Ein beliebiges Vieleck in ein Dreieck von gleicher Fläche zu verwandeln, das zwei Eckpunkte und die Lage der an einem derselben anliegenden Seite mit der Figur gemein hat.

VI. Uebungsaufgaben, deren Lösung sich aus den ersten acht Abschnitten ergiebt.

130. Lehrsatz. Die Bogen desselben Kreises zwischen parallelen Sehnen sind gleich.

131. Lehrsatz. Wenn der Winkel, den zwei verlängerte Sehnen bilden, von einem verlängerten Durchmesser halbirt wird; so sind sowohl die Sehnen einander gleich, als auch ihre Verlängerungen bis zum Durchschnittspunkte.

132. Lehrsatz. Wenn die Endpunkte zweier parallelen Sehnen durch zwei sich schneidende Sehnen verbunden werden, so schließen diese in ihrem Durchschnittspunkt vier Winkel ein, von welchen jeder, der auf einem Bogen zwischen den Parallelen steht, dem Centriwinkel auf diesem Bogen gleich ist.

133. Lehrsatz. Wenn sich zwei Sehnen des Kreises rechtwinklig schneiden; so sind die Bogen zwischen den Schenkeln zweier Vertikalwinkel zusammengenommen dem Halbkreise gleich.

134. Lehrsatz. Ein Kreis, welcher die Hypotenuse eines rechtwinkligen Dreiecks zum Durchmesser hat, geht durch die Spitze des rechten Winkels.

135. Aufgabe. Ueber einer gegebenen begrenzten geraden Linie einen Kreisabschnitt zu construiren, der einen gegebenen Winkel als Abschnittswinkel enthält.

136. Aufgabe. Ein Dreieck zu construiren, dessen Grundlinie, Höhe und Winkel an der Spitze gegeben sind.

137. Aufgabe. Ein Dreieck zu construiren, zu welchem die Summe zweier Seiten, die Differenz derselben und der von ihnen eingeschlossene Winkel gegeben sind.

138. Aufgabe. Ein Dreieck zu construiren, zu welchem die Summe zweier Seiten, die Differenz derselben und der Unterschied ihrer Gegenwinkel gegeben ist.

139. Aufgabe. Ein Dreieck zu construiren, zu welchem die Summe zweier Seiten, die Summe ihrer Gegenwinkel und die Differenz dieser Winkel gegeben ist.

140. Aufgabe. Ein Dreieck zu construiren, wenn die Differenz zweier Seiten, die Differenz ihrer Gegenwinkel und die dritte Seite gegeben ist.

141. Aufgabe. Ein spitzwinkliges Dreieck zu construiren, wenn eine Seite und die beiden Höhen gegeben sind, die zu den anderen Seiten gehören.

142. Lehrsatz. Die drei Höhen eines Dreiecks treffen, wenn sie aus den Winkelspitzen gefällt sind, in einen Punkt zusammen.

143. Lehrsatz. Unter allen Dreiecken gleicher Höhe und gleicher Grundlinie hat das gleichschenklige den größesten Winkel an der Spitze, und von zweien beliebigen Dreiecken der Art hat dasjenige den größeren Winkel, dessen Spitze der des gleichschenkligen näher liegt.

144. Aufgabe. Eine Linie zu ziehen, welche zwei gegebene Kreise berührt, wenn die Fläche des einen nicht von der Peripherie des anderen umschlossen wird.

145. Lehrsatz. Wenn mit der kürzern Seite eines Dreiecks im Innern der Figur beliebig viele Parallelen gezogen und mit diesen als Radien Kreise aus den Punkten beschrieben sind, wo sie eine der längeren Seiten treffen; so haben alle diese Kreise zwei gemeinschaftliche Tangenten, welche gefunden werden, wenn man aus der Spitze des Gegenwinkels der kürzeren Seite an einen dieser Kreise die beiden Tangenten zieht.

146. Aufgabe. Von einem Punkte außerhalb eines Kreises eine Linie durch denselben zu legen, die einen gegebenen Bogen abschneidet.

147. Aufgabe. Durch zwei neben einander gegebene Kreise eine gerade Linie so zu legen, daß von jedem ein gegebener Bogen abgeschnitten wird.

148. Aufgabe. Ein Dreieck zu construiren; wenn ein schiefer Winkel desselben, die Gegenseite und diejenige Linie gegeben ist, welche den Scheitelpunkt des schiefen Winkels mit der Mitte der Gegenseite verbindet.

149. Aufgabe. Ein Parallelogramm zu construiren; wenn beide Diagonalen und ein Winkel gegeben werden.

150. Lehrsatz. Figuren, die um denselben oder um gleiche Kreise beschrieben werden können; sind flächengleich; wenn ihre Umfänge gleich sind.

151. Aufgabe. Einen Kreis zu finden, der einen gegebenen in einem gegebenen Punkte berührt und durch einen zweiten (nicht auf der Peripherie) gegebenen Punkt geht. (Es sind zwei Kreise möglich.)

152. Aufgabe. Einen Kreis zu finden, der eine gerade Linie in einem gegebenen Punkte berührt und durch einen außerhalb derselben gegebenen Punkt geht.

153. Aufgabe. Einen Kreis zu finden, der einen gegebenen Kreis in einem gegebenem Punkte und zugleich noch einen andern Kreis berührt.

VII. Gemischte Aufgaben zum ganzen ersten Cursus.

154. Aufgabe. Den Flächeninhalt eines Quadrates zu finden, dessen Diagonale 5 Zoll ist.

155. Aufgabe. Den Flächeninhalt eines Rhombus zu finden, in welchem eine Diagonale 18 Fuß, die andere 7 Fuß hat.

156. Aufgabe. Ein ebener Garten wird von vier gradlinig fortlaufenden Gittern eingeschlossen, in der Mitte eines jeden ist eine Thür. Von der Hauptthür ist jede der anderen dreißig Ruthen entfernt · wie groß ist der Flächeninhalt des Gartens?

157. Aufgabe. Ein Bassin wird von vier geradlinigen Mauern eingeschlossen; in der Mitte einer jeden ist eine Schleuse. Die Mitte jeder Schleuse ist von der Mitte jeder ihr zur Seite liegenden 50′ entfernt, die gegenüberstehenden Schleusen haben immer gleiche Entfernung. Wie groß ist die Oberfläche des Bassins?

158. Aufgabe. Ein großer ebener Platz ist von vier geraden Mauern umschlossen. Auf der Mitte der Verbindungslinie zweier gegenüberstehender Ecken ist man von allen vier Ecken gleich weit entfernt. Die Mauern zu einer Seite dieser Verbindungslinie haben die Längen von 56 Ruthen und von 7 Ruthen, auf der anderen Seite der Verbindungslinie ist eine Mauer doppelt so lang als die andere. Wie groß ist die Fläche des eingeschlossenen Raumes? und wie lang ist jede Mauer?

159. Aufgabe. Durch die Spitze eines Dreiecks ist in beliebiger Richtung eine Linie außerhalb gegeben und auf diese sind von den beiden Endpunkten der Grundlinie Perpendikel gefällt. Man kennt die Länge dieser Perpendikel (z. B. 3 Zoll und 4 Zoll) und ihrer Abstände von der Spitze (z. B. 8 Zoll und 7 Zoll). Wie findet man daraus den Flächeninhalt des Dreiecks?

160. Aufgabe. Wenn ein Fünfeck ABCDE

für den Punkt A die Abscisse	$+ 3'''$	und die Ordinate	$+ 7'''$
. . . B . .	$+ 5'''$	. . .	$+ 4'''$
. . . C . .	$+ 4'''$	. . .	$+ 3'''$
. . . D . .	$+ 2'''$	. . .	$+ 2'''$
. . . E . .	$+ 1'''$	. . .	$+ 5'''$

hat, wie groß ist der Flächeninhalt?

161. Aufgabe. Wenn ein Fünfeck ABCDE

für den Punkt A die Abscisse	$- 9''$	und die Ordinate	$+ 3''$
. . . B . .	$- 5''$	. . .	$+ 7''$
. . . C . .	$+ 8''$	. . .	$+ 4''$
. . . D . .	$+ 4''$	. . .	$- 2''$
. . . E . .	$- 7''$	. . .	$- 5''$

hat; wie groß ist der Flächeninhalt?

162. **Aufgabe.** Eine verlängerte Sehne steht winkelrecht auf einer Tangente. Der kleinere Bogen zwischen dem Berührungspunkt und der Sehne hat 20°. Wie groß sind die anderen beiden Bogen des Kreises.

163. **Aufgabe.** Eine verlängerte Sehne eines Bogens von 50° schneidet sich rechtwinklig mit der verlängerten Sehne eines Bogens von 60°, wie groß sind die beiden anderen Bogen des Kreises?

164. **Lehrsatz.** Wenn man von der Spitze eines Dreiecks ein Perpendikel auf die Grundlinie fällt, und durch eine andere Linie den Winkel an der Spitze halbirt; so schließen diese beiden Linien einen Winkel ein, der halb so groß ist, wie der Unterschied der beiden Winkel an der Grundlinie.

165. **Lehrsatz.** Wenn man auf die Grundlinie eines beliebigen Dreiecks von jeder Winkelspitze aus nach innen zu eine Linie abträgt, welche der anstoßenden Seitenlinie gleich ist, und die dadurch erhaltenen Endpunkte dieser Linien mit der Spitze des Dreiecks verbindet; so schließen die Verbindungslinien einen Winkel ein, welcher der halben Summe der Winkel an der Grundlinie gleich ist.

166. **Lehrsatz.** Wenn man von der Spitze eines Dreiecks zwei Linien nach der Grundlinie zieht, von denen die eine ein gleichschenkliges Dreieck abschneidet, das den einen Winkel der Grundlinie zum Winkel an der Spitze hat, und die andere ein gleichschenkliges Dreieck, das den Nebenwinkel des anderen Winkels an der Grundlinie zum Winkel an der Spitze hat; so schließen beide Linien einen Winkel ein, welcher halb so groß ist, wie der Winkel an der Spitze.

167. **Lehrsatz.** Wenn man in einem beliebigen Vieleck mit lauter stumpfen Winkeln alle Seiten verlängert; so entsteht eine sogenannte sternförmige Figur, deren ausspringende Winkel zusammengenommen um vier Rechte kleiner sind als die Innenwinkel der Figur.

168. **Lehrsatz.** Die Linie, welche die Mitte der Seite eines Dreiecks mit der Spitze des Gegenwinkels verbindet, ist entweder gleich, größer oder kleiner als die halbe Seite, je nachdem das Dreieck ein rechtwinkliges, ein spitzwinkliges oder ein stumpfwinkliges ist.

169. **Lehrsatz.** Wenn eine Kathete eines rechtwinkligen Dreiecks in beliebige gleiche Theile getheilt ist und von den Theilpunkten Linien nach der Spitze des Gegenwinkels gezogen werden; so wird durch diese der Winkel in ungleiche Stücke zerlegt, unter denen jedes um so größer ist, je näher es der anderen Kathete, und um so kleiner, je näher es der Hypotenuse ist.

170. **Aufgabe.** Ein gleichseitiges Dreieck zu construiren, dessen Winkelspitzen in den Seiten eines gegebenen gleichseitigen Dreiecks liegen und zwar so, daß eine Winkelspitze auf einen in einer Seite gegebenen Punkt fällt.

171. Lehrsatz. Wenn eine Seite eines Dreiecks durch Linien, die von der Spitze des Gegenwinkels gezogen sind, in eine gewisse Anzahl gleicher Theile getheilt wird; so wird durch dieselben Linien jede andere Linie, die der getheilten parallel und von den Schenkeln des Gegenwinkels derselben begrenzt ist, in eben so viel gleiche Theile getheilt.

172. Aufgabe. Eine gegebene geradlinige Figur in eine andere ihr flächengleiche zu verwandeln, die einen gegebenen Umfangswinkel hat.

173. Aufgabe. Eine gegebene geradlinige Figur in einen Rhombus mit gegebener Diagonale zu verwandeln.

174. Lehrsatz. Die Linie, welche die Mitten der parallelen Seiten eines Paralleltrapeziums verbindet, geht durch den Durchschnittspunkt der Diagonalen.

175. Lehrsatz. Wenn man mit einer Seite eines Dreiecks innerhalb desselben eine Parallele zieht und von der Spitze des Gegenwinkels derselben durch den Treffungspunkt der Diagonalen des entstandenen Trapezes eine gerade Linie legt; so halbirt diese das Dreieck.

176. Lehrsatz. Wenn man von den Endpunkten des Durchmessers eines Kreises Perpendikel auf eine beliebige Sehne fällt; so schneiden diese gleiche Segmente des Kreises ab.

177. Lehrsatz. Durch die drei Halbirungslinien der Winkel eines gleichseitigen Dreiecks wird dasselbe in drei congruente Dreiecke getheilt.

178. Aufgabe. Aus den drei Winkelspitzen eines Dreiecks drei Linien zu ziehen, die in einen Punkt innerhalb der Figur zusammentreffen und hier unter sich drei gleiche Winkel einschließen.

179. Lehrsatz. Wenn man über den Seiten eines beliebigen Dreiecks nach Außen hin drei gleichseitige Dreiecke errichtet und die Spitze eines jeden mit der seiner Grundlinie gegenüberstehenden Winkelspitze des Dreiecks verbindet; so schneiden sich diese drei Linien in einem Punkte unter gleichen Winkeln.

180. Lehrsatz. Wenn man von einer Winkelspitze an der Grundlinie eines gleichschenkligen Dreiecks ein Perpendikel auf den andern Schenkel fällt und den spitzen Winkel, den dasselbe mit dem ersten Schenkel bildet, halbirt; so schließt die Halbirungslinie mit der Grundlinie einen halben rechten Winkel ein.

181. Lehrsatz. Drei Linien, von denen jede eine Seite eines Dreiecks unter demselben Winkel schneidet, (und zwar so, daß jeder Winkelspitze des Dreiecks immer verschiedene Winkel zugekehrt sind) schließen ein Dreieck ein, welches dem gegebenen winkelgleich ist.

182. Lehrsatz. Wenn zwei gleiche Kreise gegeben sind und die Schenkel eines Peripheriewinkels in dem einen verlängert auch den andern Kreis durch-

schneiden; so liegen drei Bogen zwischen den Schenkeln des Winkels, von denen der größeste den andern beiden zusammengenommen gleich ist.

183. Aufgabe. Die Schenkel eines gegebenen spitzen Winkels durch eine von einem gegebenen Punkte aus gezogene gerade Linie so zu durchschneiden, daß zwei Wechselwinkel zusammen einen rechten betragen.

184. Lehrsatz. Wenn man über einer geraden Linie zwei verschiedene Kreisabschnitte errichtet hat; so schneiden die Schenkel aller Abschnittswinkel des einen Segments (nöthigenfalls über den Scheitelpunkt hinaus verlängert) gleiche Bogen aus der Peripherie des andern ab.

185. Aufgabe. Ueber einer Seite eines Dreiecks einen Kreisabschnitt zu construiren, aus welchem die andern beiden, oder deren Verlängerungen, einen Bogen ausschneiden, dessen Sehne eine gegebene Länge hat.

186. Lehrsatz. Wenn man über den drei Seiten eines Dreiecks, als Grundlinien, drei Dreiecke errichtet hat, deren Außenwinkel an der Spitze überall dem Gegenwinkel der als Grundlinie angenommenen Seite in dem gegebenen Dreiecke gleich ist; so liegen alle Winkelspitzen der vier Dreiecke in der Peripherie eines einzigen Kreises.

187. Aufgabe. Ein Viereck zu construiren, wenn beide Diagonalen desselben und drei Winkel einer Diagonale mit den Seiten gegeben sind.

188. Aufgabe. Ein Viereck zu construiren, wenn eine Diagonale und die vier Winkel an der anderen einzeln gegeben sind.

189. Lehrsatz. Zwei auf einer gemeinschaftlichen Grundlinie nach verschiedenen Seiten hin errichtete Dreiecke sind flächengleich; wenn die Verbindungslinie ihrer Spitzen durch die Grundlinie oder deren Verlängerung halbirt wird. Wird diese aber in ungleiche Theile zerlegt, so ist das Dreieck auf derjenigen Seite größer, wo der größere Theil dieser Verbindungslinie ist.

190. Lehrsatz. Wenn man von der Winkelspitze eines Dreiecks aus auf beiden anstoßenden Seiten Stücke abschneidet, welche gleichvielte Theile der zugehörigen Seiten sind, die Theilungspunkte mit den Spitzen der Gegenwinkel dieser Seiten verbindet, und eine Linie durch den Durchschnittspunkt dieser Verbindungslinien und die zuerst gegebene Winkelspitze legt, so halbirt diese das Dreieck.

191. Lehrsatz. Wenn in einem Viereck, dessen Seiten Sehnen eines Kreises sind, zwei Gegenseiten gleich sind; so sind die anderen beiden parallel, und wenn zwei parallel sind; so sind die anderen beiden gleich.

192. Lehrsatz. Wenn man eine Seite eines Quadrates in 2 gleiche Theile, jede der anliegenden in n und die Gegenseite in 2n gleiche Theile theilt und den

Halbirungspunkt der ersten Seite mit allen Theilpunkten und Winkelspitzen durch gerade Linien verbindet, so wird das Quadrat in 4 n gleiche Flächenstücke zerlegt.

193. Lehrsatz. Wenn man an einer Winkelspitze eines Quadrates ein beliebiges rechtwinkliges Dreieck abschneidet, über der Hypotenuse einen Halbkreis nach innen errichtet, und aus der Winkelspitze eine Diagonale zieht; so halbirt diese die Peripherie des Halbkreises.

194. Lehrsatz. Wenn man von einer Winkelspitze eines Quadrates ein rechtwinkliges Dreieck abschneidet, dessen eine Kathete doppelt so groß wie die andere ist, und von der Winkelspitze aus nach der Spitze des Gegenwinkels und den Mitten der Seiten, die ihn einschließen, drei Linien zieht; so wird von der Hypotenuse, nach der kleineren Kathete zu, durch die erste Linie der fünfte Theil, durch die Diagonale der dritte Theil und durch die dritte Linie die Hälfte abgeschnitten.

195. Lehrsatz. Wenn eine Linie, welche zwei Punkte verschiedener Dreiecksseiten verbindet, durch eine andere halbirt wird, die aus der Mitte der dritten Seite nach der Gegenwinkelspitze gezogen ist; so ist sie dieser dritten Seite parallel.

196. Aufgabe. Der Flächeninhalt eines gegebenen Dreiecks betrage 10 □″. Man habe die Grundlinie halbirt, von der Spitze aus auf einer Seitenlinie ein Drittheil, auf der anderen ein Viertheil abgeschnitten, und die drei Theilpunkte durch gerade Linien verbunden; wie groß ist die Fläche des von diesen Linien eingeschlossenen Dreiecks?

197. Aufgabe. Ein gleichseitiges Dreieck zu construiren, dessen verlängerte Seiten durch drei gegebene Punkte gehen; wenn man an jeder Winkelspitze nur eine Seite und jede Seite nur über eine Winkelspitze hinaus verlängert.

198. Aufgabe. Ein Rechteck zu construiren, dessen verlängerte Seiten durch vier gegebene Punkte gehen; wenn man an jeder Winkelspitze nur eine Seite und jede Seite nur über eine Winkelspitze hinaus verlängert.

199. Aufgabe. Einen Punkt zu finden, von welchem aus sich an zwei gegebene Kreise Tangenten von gegebener Größe legen lassen.

200. Aufgabe. Einen Punkt zu finden, von welchem aus man an zwei beliebig gegebene Kreise Tangenten ziehen kann, so daß die Winkel beider Tangenten jedes Kreises eine gegebene Größe erhalten.

201. Lehrsatz. Parallele Tangentenpaare zweier beliebigen Kreise schließen immer congruente Parallelogramme ein, wenn sie sich unter demselben Winkel schneiden.

202. Aufgabe. Ein Dreieck zu construiren, wenn ein Winkel und die beiden Perpendikel gegeben sind, welche von den beiden anderen Winkelspitzen auf die Gegenseiten gefällt werden können.

203. Aufgabe. Einen Kreis zu beschreiben, der durch drei gegebene gerade Linien, die nicht sämmtlich parallel sind, berührt wird.

204. Aufgabe. Eine Linie zu finden, welche von zwei außer einander gegebenen Kreisen den einen berührt und von dem anderen einen gegebenen Bogen abschneidet.

205. Lehrsatz. Jede Linie, welche mit einer Seite eines Dreiecks in einer Spitze desselben nach Außen hin einen Winkel einschließt, der dem Gegenwinkel dieser Seite gleich ist, berührt den Kreis, der durch die drei Spitzen des Dreiecks gelegt werden kann.

206. Lehrsatz. Wenn man die Halbirungslinien der Außenwinkel an der Grundlinie eines gleichschenkligen Dreiecks so weit verlängert, bis sie zusammentreffen, und mit der Grundlinie ein zweites gleichschenkliges Dreieck bilden, so sind die Schenkel des ersten Dreiecks Tangenten des Kreises, der durch die drei Winkelspitzen des zweiten geht.

207. Aufgabe. Von einem gegebenen gleichschenkligen Dreieck ein Paralleltrapez abzuschneiden, in welchem die kleinere Parallele so groß wie die beiden Seitenlinien zusammengenommen ist.

208. Aufgabe. Ein Paralleltrapez zu construiren, zu welchem die beiden nicht parallelen Seiten gegeben sind, und in welchem beide an der kleineren nicht parallelen Seite anliegende Winkel rechte sind, die größere nicht parallele Seite aber so groß ist wie beide parallelen Seiten zusammengenommen.

209. Lehrsatz. Wenn in einem Viereck eine Seite an zwei gleichen Winkeln liegt, und ihre Gegenseite durch einen Punkt auf derselben so getheilt wird, daß jeder Abschnitt derselben der anstoßenden Seite gleich ist; so läßt sich durch diesen Punkt und die Scheitel der beiden als gleich angenommenen Winkel ein Kreis beschreiben, zu welchem sowohl die getheilte Seite des Vierecks als auch beide anliegenden Seiten Tangenten sind.

210. Lehrsatz. In einem Fünfeck, dessen Seiten den Diagonalen parallel sind, haben alle durch Diagonalen abschnittene Vierecke gleichen Flächeninhalt.

211. Aufgabe. Es ist ein beliebiger Winkel mit unbegrenzten Schenkeln gegeben. Man soll mit gegebenem Radius einen Kreis beschreiben, von welchem die Schenkel des Winkels zwei Segmente abschneiden, deren jedes einen vorgeschriebenen Abschnittswinkel faßt.

212. Aufgabe. In einem Dreieck ABC sei:

1) die Summe der Seitenlinien . . . . $BC + BA = s$
2) der Unterschied derselben . . . . $BC - BA = d$
3) die Höhe . . . . $BD = h$
4) die Grundlinie . . . . $AC = DC + DA = g$

5) der Unterschied der Abschnitte auf ihr . . . . . . $DC - DA = u$
6) die Summe der Winkel an derselben . . . . . $A + C = \alpha$
7) der Unterschied dieser Winkel . . . . $A - C = \beta$

Es reichen von diesen sieben Stücken jedesmal drei vollkommen aus, um das Dreieck zu bestimmen: so daß dasselbe construirt werden kann. Dies führt auf 35 Aufgaben, von denen einige schon früher angedeutet sind.

Es soll also ein Dreieck construirt werden, wenn dazu gegeben ist:

1, s,d,h oder 2, s,d,g oder 3, s,d,u oder 4, s,d,α oder 5, s,d,β oder
6, s,h,g • 7, s,h,u • 8, s,h,α • 9, s,h,β • 10, s,g,u •
11, s,g,α • 12, s,g,β • 13, s,u,α • 14, s,u,β • 15, s,α,β •
16, d,h,g • 17, d,h,u • 18, d,h,α • 19, d,h,β • 20, d,g,u •
21, d,g,α • 22, d,g,β • 23, d,u,α • 24, d,u,β • 25, d,α,β •
26, h,g,u • 27, h,g,α • 28, h,g,β • 29. h,u,α • 30, h,u,β •
31, h,α,β • 32, g,u,α • 33, g,u,β • 34, g,α,β • 35, u,α,β.

Sollte man aus einer oder der anderen Annahme zwei Dreiecke herleiten können, so ist zu untersuchen, ob beide congruent werden, oder nicht.

213. Lehrsatz. In einem Dreieck ABC ist durch eine von der Spitze B auf die Grundlinie AC gezogene gerade Linie BD, die Grundlinie in zwei Stücke AD und DC getheilt. Man vergleiche gegen einander:

a) die Seiten AB und BC b) die Stücke der Grundlinie AD und DC
c) die Winkel BAD und BCD d) die Winkel ADB und BDC
e) die Winkel ABD und DBC.

Wenn nun bei irgend zweien dieser Vergleichungen Gleichheit gefunden wird, so findet sie auch in allen übrigen statt (mit Ausnahme der Vergleichungen a und c). Dies giebt den Stoff zu neun Lehrsätzen je nachdem die Gleichheit gefunden wird:

1) in a und b oder 2) in a und d oder 3) in a und e oder 4) in b und c oder
5) in b und d oder 6) in b und e oder 6) in c und d oder 8) in c und e oder
9) in d und e.

Jeder dieser neun Lehrsätze ist in Worten auszusprechen und unabhängig von den übrigen zu beweisen.

214. Aufgabe. Wenn man in einem Dreieck (ABC) jede Seite (AB, BC und CA) in beliebig viele gleiche Theile zerlegt und auf jeder einen beliebigen Theilpunkt wählt (D auf AB, E auf BC und F auf CA), dann die drei Theilpunkte durch gerade Linien verbindet; so zerlegen diese das gegebene Dreieck in vier Dreiecke (ADF, DBE, EFC, FDE), deren jedes aus einer genau bestimmbaren Anzahl genauer Theile des ganzen Dreiecks besteht. Die Größe jedes dieser Dreiecke soll nun in Theilen des ganzen gefunden werden; wenn man entweder a) bestimmte Zahlenwerthe für die Theilungen annimmt (z. B. $AB = 5c$, $BC = 7a$, $CA = 8b$ und $AD = 3c$, $BE = 4a$, $CF = 5b$) oder b) für die bestimmten Zahlen allgemeine Größenzeichen wählt $\left(\text{z. B. } AD = \frac{m}{n} AB,\ BE = \frac{m'}{n'} BC,\ CF = \frac{m''}{n''} AC\right)$.

215. Aufgabe. Wenn man ein beliebig gewähltes Dreieck (ABC) auf die in der vorigen Aufgabe angedeutete Art in vier Dreiecke (ADF, DBE, EFC, FDE) zerlegt und die Fläche eines jeden bestimmt hat; und man verbindet dann jeden Theilungspunkt einer Dreiecksseite mit der Spitze des Gegenwinkels; so wird jede der Seiten des inneren Dreiecks (FDE) geschnitten (und zwar FD durch AE in H, DE durch FB in I, EF durch CD in K) und jeder der drei Durchschnittspunkte ist ein genauer Theilpunkt für beide Linien, welche in ihm zusammentreffen. Es kann also AE in eine gewisse Anzahl gleicher Theile getheilt werden; so daß H ein Theilpunkt wird; eben so kann FD in eine gewisse Anzahl gleicher Theile getheilt werden; so daß H ein Theilpunkt wird. Dasselbe gilt von dem Punkte I für die Linien BF und DE, desgleichen von dem Punkte K für die Linien CD und FE. Diese Theilungen sollen genauer bestimmt werden, entweder durch Anwendung a) der bestimmten Zahlenwerthe oder b) der allgemeinen Größenzeichen in der vorigen Aufgabe.

216. Aufgabe. Die Flächenstücke zu bestimmen, welche entstehen; wenn man auf jeder Seite eines beliebigen Parallelogramms genau bestimmte Theilpunkte wählt und diese so wohl a) unter sich als auch b) mit den Winkelspitzen der Figur verbindet und endlich c) die entstandenen Verbindungslinien noch durch die Diagonalen der Figur durchschneidet.

217. Aufgabe. Die Linieneintheilungen genauer zu bezeichnen, welche bei den in der vorigen Aufgabe angedeuteten Constructionen in den einzelnen Durchschnittspunkten entstehen.

218. Zusatz. Es ist also möglich jedes Flächenstück zu bestimmen, welches im Innern eines Dreiecks oder eines Parallelogramms durch Linien abgegrenzt wird, welche genau bestimmte Theilungspunkte der Seiten desselben verbinden, und die Theilungen anzugeben, welche in den Durchschnittspunkten mit diesen Linien selbst vorgehen; wodurch eine große Reihe mannigfaltiger Aufgaben eröffnet wird.

219. Lehrsatz. Wenn in einer mehrseitigen Figur alle Diagonalen zwischen zwei entgegengesetzten Eckpunkten sich in einem Punkte durchschneiden und halbiren; so sind je zwei Gegenseiten derselben parallel.

220. Lehrsatz. Wenn man mit dem einen Schenkel eines gleichschenkligen Dreiecks um einen Endpunkt der Grundlinie einen Kreis beschreibt, der durch die Spitze des Dreiecks geht und den andern Schenkel oder dessen Verlängerung durchschneidet, und dann von dem neuentstandenen Durchschnittspunkt dieses Kreises einen Radius zieht; so schließt dieser mit der Verlängerung der Grundlinie oberhalb derselben, d. h. nach der Spitze hin, einen Winkel ein, der dreimal so groß wie der Winkel an der Grundlinie ist.

221. Lehrsatz. Die Außenwinkel an zwei gegenüberliegenden Winkelspitzen eines Vierecks sind zusammengenommen so groß, wie die anderen beiden inneren Winkel zusammengenommen.

222. Lehrsatz. Gleichseitige Dreiecke gleicher Höhe sind congruent.

223. Lehrsatz. Quadrate mit gleichen Diagonalen sind congruent.

224. Aufgabe. Aus einem gleichseitigen Dreieck durch Abstumpfung der Ecken ein reguläres Sechseck abzuschneiden, und den Flächeninhalt der neuen Figur; so wie die Längen der Seiten anzugeben.

225. Aufgabe. Aus einem Quadrat, durch Abstumpfung der Ecken, ein reguläres Achteck abzuschneiden, auch Flächen- und Seitenlänge der neuentstandenen Figur zu bestimmen.

226. Lehrsatz. Die Quadrate dreier ungleichen geraden Linien sind zusammen größer als die drei Rechtecke unter je zweien zusammengenommen.

227. Lehrsatz. Jedes Viereck mit zwei parallelen Gegenseiten und zwei gleichen Gegenwinkeln ist ein Parallelogramm.

228. Aufgabe. Einen Rhombus zu construiren, wenn beide Diagonalen bekannt sind.

229. Lehrsatz. In jedem schiefwinkligen Parallelogramm ist die Diagonale zwischen den Spitzen der stumpfen Winkel kleiner als die Diagonale zwischen den Winkelspitzen der spitzen Winkel.

230. Aufgabe. Es ist ein Dreieck gegeben. Man soll ein Parallelogramm finden, dessen eine Winkelspitze mit einer des Dreiecks zusammenfällt, und dessen Gegenseiten dieser Winkelspitze durch die andern beiden Winkelspitzen des Dreiecks halbirt werden.

231. Lehrsatz. Gleichwinklige Parallelogramme mit gleichen Höhenpaaren sind congruent.

232. Lehrsatz. Wenn aus einem Punkte innerhalb eines Parallelogramms nach allen Winkelspitzen gerade Linien gezogen werden; so entstehen vier Dreiecke, von denen je zwei nicht aneinandergrenzende zusammen die Hälfte des Parallelogramms ausmachen.

233. Lehrsatz. Wenn die beiden Linien, welche die Mitten der Seiten eines Vierecks verbinden, sich rechtwinklig schneiden; so ist das Viereck selbst dem Rechteck unter diesen Verbindungslinien gleich.

234. Lehrsatz. Ein Viereck, dessen Seiten sich mit den Seiten eines Parallelogramms gegenseitig halbiren, ist kein Parallelogramm.

235. Lehrsatz. Wenn man in einem beliebigen unregelmäßigen Viereck mit zwei gleichen Gegenseiten, die Mitten der ungleichen Seiten durch eine gerade Linie verbindet; so schließt diese mit jeder der verlängerten gleichen Seiten denselben Winkel ein.

236. Lehrsatz. Wenn man auf einem Schenkel eines Winkels zwei oder mehr beliebige Stücke an beliebigen Stellen abgrenzt, und auf dem andern Schenkel an beliebigen Stellen eben so viel Stücke, welche diesen einzeln verglichen gleich sind; wenn man dann die Anfangspunkte und die Endpunkte der gleichen Stücke durch gerade Linien verbindet, jede dieser Linien halbirt, und durch die Mitten je zweier Verbindungslinien, die zu gleichen Stücken gehören, eine gerade Linie legt, so sind die so entstandenen Linien parallel.

237. Lehrsatz. Die drei Höhen eines stumpfwinkligen Dreiecks sind zusammen kleiner als der Umfang, und größer als der um die durch sie abgegrenzten beiden Verlängerungen der Schenkel des stumpfen Winkels verkürzte halbe Umfang.

238. Aufgabe. In einen Kreis eine Sehne zu legen, die einer gegebenen Linie parallel ist, und eine vorgeschriebene Länge (kleiner als der Durchmesser) hat.

239. Aufgabe. Von zwei Punkten aus, deren Verbindungslinie nicht größer als der Durchmesser eines gegebenen Kreises ist, an diesen zwei gleiche parallele Linien zu ziehn:

a) so daß die Parallellinien zu einer Seite der Verbindungslinie ihrer Ausgangspunkte liegen;

b) so daß die Parallellinien zu verschiedenen Seiten dieser Linie liegen.

240. Lehrsatz. Wenn man über den Seiten eines beliebigen Dreiecks nach Außen Quadrate errichtet, und zu den so entstandenen einspringenden Winkeln Ueberspannungslinien zieht; so entstehen drei Dreiecke, deren jedes dem gegebenen flächengleich ist.

241. Aufgabe. Ein Parallelogramm zu zeichnen, von dem zwei Gegenseiten Sehnen zweier gegebenen Kreise sind, und einer gegebenen Linie gleich, die nicht größer ist als der Durchmesser des kleineren Kreises.

242. Aufgabe. Ein Quadrat zu construiren, wenn die Summe einer Seite und der Diagonale gegeben ist.

243. Aufgabe. Einen Rhombus zu construiren, wenn ein Winkel desselben und eine Linie gegeben ist, die der durch den Scheitelpunkt dieses Winkels gelegten Diagonale und der Seite zusammengenommen gleich ist.

244. Aufgabe. Durch drei gerade Linien, die sich in einem Punkte durchschneiden, eine vierte von gegebener Länge so zu legen, daß sie durch die beiden äußersten begrenzt, durch die mittlere halbirt wird.

245. Aufgabe. In einen gegebenen Kreis ein Dreieck einzuschreiben, dessen eine Seite, so wie der Unterschied der beiden anderen, gegeben ist.

246. Aufgabe. Die inneren Winkel eines Kreissehnen-Vielecks zu berechnen, wenn die zu den Sehnen gehörigen Bogentheile der Reihe nach an Größe

zunehmen, wie die Zahlen 1, 2, 3, 4 ... n (wenn n=3, n=4, n=5, n=6, n=7 ist).

247 Lehrsatz. Vielecke, die centrisch nach den Ecken sind, sind auch raumgleich; wenn die Seiten des einen, einzeln verglichen, den Seiten des andern in beliebiger Folge gleich sind.

248. Aufgabe. Ein Fünfeck, das von zwei Radien und drei Tangenten eines Kreises umschlossen ist, in ein Viereck zu verwandeln, das zwei Radien und zwei Tangenten desselben Kreises zu Seiten hat.

249. Aufgabe Ueber einer gegebenen Grundlinie ein Dreieck zu construiren, dessen Winkel an der Spitze eine gegebene Größe hat, und durch eine aus einem gegebenen Punkt gezogene Linie halbirt wird. (Die Auflösung ist nicht immer möglich.)

250. Aufgabe. Ueber einer gegebenen Grundlinie ein Dreieck zu construiren, dessen Winkel an der Spitze eine gegebene Größe hat, und durch eine Linie halbirt wird, die einer gegebenen parallel ist.

251. Lehrsatz. Ein Kreissehnenviereck ist ein Quadrat, wenn eine Diagonale desselben die Gegenwinkel halbirt.

252. Lehrsatz. Wenn man in einem spitzwinkligen Dreiecke die drei Höhenperpendikel zieht, und die Endpunkte derselben in den Seiten durch gerade Linien verbindet; so entsteht ein Dreieck, dessen Winkel durch die Höhenlinien halbirt werden.

253. Lehrsatz. Wenn man von einem Punkte der Peripherie eines Kreises nach den drei Eckpunkten des eingeschriebenen gleichseitigen Dreiecks gerade Linien zieht; so ist die größeste derselben den beiden kleineren zusammengenommen gleich.

254. Lehrsatz. Wenn man auf der Peripherie eines Halbkreises einen Punkt annimmt, und von diesem aus eine Senkrechte auf den Durchmesser, eine Tangente bis zum Durchmesser, und zwischen beiden eine Sehne bis zum Endpunkte des Durchmessers zieht; so halbirt diese Sehne den Winkel der Senkrechten und der Tangente.

255. Aufgabe. An einen gegebenen Kreis eine Tangente zu legen, die einer gegebenen Linie parallel ist.

256. Aufgabe. In einen gegebenen Kreis eine Sehne zu legen, die einen Bogen von bestimmter Größe abschneidet, und einer gegebenen Linie parallel ist.

257. Aufgabe. Ein Dreieck zu construiren, dessen Winkel gegeben sind, und dessen Seiten als verlängerte Sehnen eines Kreises gegebene Segmente abschneiden.

258. Aufgabe. Auf einem Schenkel eines rechten Winkels liegen 6 und 10 Zoll vom Scheitel entfernt, die Punkte A und B, auf dem andern 5 und 12 Zoll vom Scheitel entfernt, die Punkte D und C. Welche Fläche hat das Viereck ABCD?

259. Aufgabe. Von den Seiten eines Quadrates, deren jede 15 Zoll enthält, sind nach derselben Richtung des Umfanges hin, von den Winkelspitzen aus abgeschnitten worden: 1) auf AB die Linie AF=5″, 2) auf BC die Linie BG=9″, 3) auf CD die Linie CH=13″, und auf DA die Linie DK=7″. Wie groß ist die Fläche des Vierecks FGHK?

260. Lehrsatz. Wenn eine begrenzte Gerade sich zwischen den Schenkeln eines rechten Winkels so fortschiebt, daß ihre Endpunkte immer auf die Schenkel dieses Winkels fallen; so beschreibt der Mittelpunkt der Linie einen Viertelkreis.

261. Lehrsatz. Wenn man durch die Schenkel eines Winkels beliebige Parallelen zieht, und in jedem dadurch entstandenen Paralleltrapezium beide Diagonalen; so liegen die Durchschnittspunkte derselben sämmtlich in einer geraden Linie, die durch die Spitze des gegebenen Winkels geht.

262. Aufgabe. Ein Paralleltrapez mit drei gleichen Seiten zu construiren, dessen Umfang 2, 3, 4 oder 5mal u. s. w. so groß wie die Grundlinie ist.

263. Aufgabe. Ein Quadrat durch Linien, die vom Durchschnittspunkte beider Diagonalen aus an den Umfang gezogen sind, in eine beliebige Anzahl gleicher Flächenstücke zu theilen.

264. Aufgabe. Ein beliebiges Dreieck oder reguläres Polygon durch Linien, die vom Mittelpunkte des umschriebenen Kreises aus an den Umfang gezogen sind, in eine beliebige Anzahl gleicher Theile zu theilen.

265. Aufgabe. Eine beliebige geradlinige Figur, die centrisch nach den Seiten ist, vom Mittelpunkte des eingeschriebenen Kreises aus in eine beliebige Anzahl gleicher Theile zu theilen.

266. Aufgabe. Ein Quadrat durch Linien in gleiche Flächenstücke zu theilen, die entweder

a) von einem Eckpunkte aus oder
b) von der Mitte einer Seite aus

gezogen sind.

267. Aufgabe. Ein Rechteck, dessen eine Seite 5, die andere 11 beliebige Maaßtheile enthält, von einem beliebigen Theilpunkte des Umfanges aus in 14 gleiche Theile zu theilen.

(Statt 5, 11, 14 können beliebige andere ganze Zahlen gesetzt werden.)

268. Aufgabe. In einem Kreise, der einen kleineren einschließt, eine Sehne

von gegebener Länge zu ziehen, die den kleineren berührt. (Nicht in allen Fällen zu lösen.)

269. Lehrsatz. In einem Viereck, das centrisch nach den Seiten ist, liegen die Mittelpunkte der Diagonalen mit dem Mittelpunkte des eingeschriebenen Kreises in gerader Linie.

270. Aufgabe. Wenn eine Seite eines Dreiecks 5 Maaßtheile, eine andere 7 hat; wenn in einem andern Dreieck zwei Seiten denselben Winkel einschließen und zugleich die eine 9 die andere 11 Maaßtheile enthält. Wie oft ist die Fläche des ersteren oder ein genauer Theil derselben in der anderen enthalten.

271. Lehrsatz. Wenn ein Halbkreis eine Kathete eines rechtwinkligen Dreiecks in der Spitze des rechten Winkels und zugleich die Hypotenuse berührt, und wenn die berührte Kathete über die Spitze des rechten Winkels hinaus um ihre eigene Größe verlängert ist; so liegt der Endpunkt dieser Verlängerung mit dem Berührungspunkte der Hypotenuse und dem Endpunkte des Halbkreises auf der andern Kathete in einer geraden Linie.

272. Lehrsatz. Wenn man von einem beliebigen Punkte außerhalb eines Parallelogrammes eine gerade Linie nach den Eckpunkten dieser Figur zieht; so entstehen drei Dreiecke, welche den Punkt außerhalb der Figur zur gemeinsamen Spitze, zu Grundlinien aber zwei anstoßende Seiten des Parallelogramms und die Diagonale zwischen denselben haben, und das Dreieck über der Diagonale ist den beiden Dreiecken über den Seiten zusammengenommen flächengleich.

273. Lehrsatz. Die Quadrate der beiden Diagonalen eines beliebigen Parallelogramms sind zusammen den vier Quadraten der Seiten flächengleich.

274. Aufgabe. Wenn die drei Seiten eines Dreiecks bekannt sind, die Länge einer geraden Linie zu berechnen, die eine Winkelspitze mit der Mitte der Gegenseite verbindet.

275. Lehrsatz. Wenn man von einem beliebigen Punkte des Durchmessers eines gegebenen Kreises gerade Linien nach den Endpunkten einer Sehne zieht, die dem Durchmesser parallel ist; so sind die Quadrate dieser Linien zusammengenommen eben so groß, wie die Quadrate der beiden Abschnitte des Durchmessers.

276. Zusatz. (Bezüglich auf den Fall, wo die dem Durchmesser parallele Sehne den Kreis berührt.)

277. Lehrsatz. Wenn in einem Kreise mehrere rechte Winkel gegeben sind, die einen gemeinsamen Scheitelpunkt innerhalb der Kreisfläche haben; so sind die Mittelpunkte der zugehörigen Hypotenusensehnen sämmtlich gleich weit von dem Mittelpunkte derjenigen Linie entfernt, welche den gemeinsamen Scheitelpunkt der rechten Winkel mit dem Mittelpunkt des Kreises verbindet.

278. Aufgabe. Einen Kreis zu finden, der eine der Länge nach gegebene Sehne eines gegebenen Kreises zum Durchmesser hat, und durch einen gegebenen Punkt innerhalb dieses Kreises geht.

279. Lehrsatz. Wenn man in einem gleichseitigen Dreiecke von einem Punkte innerhalb drei Perpendikel auf die Seiten fällt; so sind diese zusammengenommen dem Höhenperpendikel des Dreiecks gleich.

280. Lehrsatz. Die Summe der Perpendikel, welche von einem Punkte innerhalb eines Quadrates auf die Seiten gefällt werden, ist der doppelten Quadratseite gleich.

281. Lehrsatz. Wenn man in einem regulären Polygon von irgend einem Punkte innerhalb Perpendikel auf sämmtliche Seiten fällt, so ist die Summe derselben der Summe sämmtlicher kleinen Halbmesser gleich.

Anm. Die beiden vorhergehenden Sätze 279 und 280 sind Folgerungen aus diesem.

282. Lehrsatz. In jeder von gleichen Seiten eingeschlossenen mehrseitigen Figur ist die Summe sämmtlicher von einem Punkt innerhalb auf alle Seiten gefällten Perpendikel eine unveränderliche Größe, nämlich der Höhe eines Dreiecks gleich, das eine Seite der Figur zur Grundlinie hat, und der Figur flächengleich ist.

Anm. Der vorige Satz ist ein besonderer Fall von diesem.

283. Aufgabe. Zu drei gegebenen Punkten einen vierten zu finden, dessen Abstandslinie von den gegebenen je zwei immer gleiche Winkel mit einander bilden, und zu zeigen, daß diese drei Abstände zusammengenommen kürzer sind als die drei Abstände jedes anderen Punktes von den drei gegebenen zusammengenommen.

284. Aufgabe. Wenn die Diagonalen eines Vierecks sich rechtwinklig durchschneiden; so ist der Durchschnittspunkt derselben derjenige Punkt, dessen Abstände von den vier Eckpunkten der Figur die kleinste Summe geben.

285. Lehrsatz. Zwei Parallelogramme nach verschiedenen Seiten hin über derselben Grundlinie errichtet, sind zusammen dem einen Parallelogramme zwischen den Gegenseiten der gemeinsamen Grundlinie gleich.

286. Lehrsatz. Die Summe der Quadrate aller vier Seiten eines Paralleltrapezes ist um das Quadrat des Unterschiedes beider Parallelen größer als die beiden Diagonalquadrate zusammengenommen.

287. Lehrsatz. Die Linien, welche die drei Winkel eines Dreiecks halbiren, bilden mit den Radien des eingeschriebenen Dreiecks Winkel, von denen einer so groß ist, wie die beiden anderen zusammengenommen.

288. Lehrsatz. In einem Sehnensechseck das zwei Paare gleicher und paralleler Seiten hat, ist auch das dritte Paar gleich und parallel.

289. Aufgabe. Eine krummlinige Figur aus vier Kreisbogen, wovon je zwei gegenüberliegende gleich sind; so zusammenzusetzen, daß die Bogen in den Treffungspunkten dieselbe Tangente haben.

Anm. Diese Aufgabe gehört zur Construction der Korblinien, und läßt viele Abänderungen zu.

290. Aufgabe. Ein Kreissehnendreieck in ein gleichflächiges eingeschriebenes Viereck zu verwandeln, das eine vorgeschriebene Diagonale hat, die größer als die kleinste Dreiecksseite ist

291. Lehrsatz. Der Durchschnittspunkt der drei Höhenperpendikel des Dreiecks ist von jedem Scheitelpunkte eines Dreieckswinkels doppelt so weit entfernt als der Mittelpunkt des umschriebenen Kreises von der Gegenseite dieses Winkels.

292. Aufgabe. In einen Kreis ein Fünfeck einzuschreiben, dessen eine Seite die Seite des regelmäßigen Fünfecks ist, dessen andere Seiten paarweise gleich sind und dessen Fläche mit der des eingeschriebenen Quadrates übereinstimmt.

293. Lehrsatz. In jedem Dreieck liegen der Durchschnittspunkt der Höhenperpendikel, der Durchschnittspunkt der Halbirungslinien und der Durchschnittspunkt der von den Winkelspitzen nach den Mitten der Gegenseiten gezogenen Geraden mit dem Mittelpunkte des umschriebenen Kreises in gerader Linie.

294. Aufgabe. Zu drei gleichen Kreisen, deren Mittelpunkte auf den Endpunkten und der Mitte einer begrenzten geraden Linie liegen, Berührungskreise zu finden.

295. Aufgabe. In einen Kreis ein Viereck zu construiren, wenn beide Diagonalen und der Winkel bekannt sind, unter welchem diese sich schneiden.

296. Aufgabe. Ein Paralleltrapez mit zwei rechten Winkeln zu construiren, in welchem die an den rechten Winkeln anliegende Seite und die Gegenseite derselben eine gegebene Größe haben und letztere den beiden parallelen Seiten zusammengenommen gleich ist.

297. Lehrsatz. Im regulären Zehneck ist eine Diagonale, die einer Seite zunächst parallel ist, die Summe der Sechsecks- und Zehnecksseite.

298. Lehrsatz. Wenn man auf der Verlängerung eines Kreisradius in einem bestimmten Punkte ein begrenztes Perpendikel errichtet, und von den beiden Endpunkten desselben (in und außer der Radiusverlängerung) Tangenten an den Kreis legt, so ist das Quadrat des Perpendikels einem Rechteck gleich, daß die Summe dieser Tangenten zu einer Seite und die Differenz derselben zur anderen hat.

299. **Lehrsatz.** Der Flächeninhalt eines rechtwinkligen Dreiecks ist dem Rechtecke unter den beiden Abschnitten der Hypotenuse gleich, die durch den Berührungspunkt des eingeschriebenen Kreises getrennt werden.

300. **Aufgabe.** In einen Kreis ein Dreieck einzuschreiben, dessen Seiten den Seiten eines beliebig gegebenen Dreiecks parallel sind.

301. **Aufgabe.** Ein Rechteck zu construiren, dessen Fläche dem Unterschiede der Quadrate der ungleichen Seiten desselben gleich ist.

302. **Aufgabe.** Wenn drei Linien, die von irgend einem Punkte innerhalb eines Rechtecks nach den Eckpunkten gezogen worden, bekannt sind, die vierte zu finden.

303. **Aufgabe.** In einen Kreisabschnitt ein Quadrat einzuschreiben, das zwei Eckpunkte in der Sehne, zwei im Bogen des Abschnitts hat.

304. **Aufgabe.** Wenn die Fläche eines eingeschriebenen Dreiecks, (Sechsecks, Vierecks, Fünfecks, Zehnecks, Funfzehnecks) 100□" beträgt, wie groß ist die Fläche des demselben Kreise umschriebenen?

Anm. Aehnliche Aufgaben können über die **Umfänge** gestellt werden.

305. **Aufgabe.** Die Ludolphsche Zahl π zu berechnen, indem man vom regelmäßigen Dreieck, oder vom Fünfeck, oder vom Funfzehneck ausgeht.

Anm. Die Uebereinstimmung des auf so verschiedenen Wegen erlangten Resultates bestätigt die Richtigkeit des gefundenen Werthes auf so viel Stellen, als man gefunden hat.

Man kennt bis jetzt diese Zahl bis auf 250 Dezimalen nach der Berechnung des Astronomen Clausen in Dorpat.

π = 3, 141592 653589 793238 462643 383279 502884 197169
399375 105820 974944 592307 816406 286208 998628
034825 342117 067982 148086 513282 306647 093844
609550 582231 725359 408128 481117 450284 102701
938521 105559 644622 948954 930381 964428 810975
665933 446128 475648 233786 783165 271201 9104.

Zu dieser Zahl fanden:

1) Archimedes die ersten .	2	Dezimalstellen
2) Ptolomäus	3	"
3) die Hindus	4	"
4) Vieta	10	"
5) Romanus	15	"
6) Ludolph v. Ceulen . .	35	"
7) Venning	45	"

8) Sharp	72	"
9) Machin	100	"
10) Lagny.	127	"
11) Vega	136	"
12) Ein Engländer (unbekannt)	154	"
13) Dase	200	"
14) Clausen	250	"

306. Aufgabe. Man hat den Durchmesser eines Kreises nach einer Seite hin um den Radius, nach der andern Seite hin um den zehnten Theil der Quadrantensehne verlängert. Wie genau kommt die so begrenzte Linie dem gestreckten Halbkreise gleich?

307. Aufgabe. Die Seite des eingeschriebenen gleichseitigen Dreiecks mit der des in denselben Kreis eingeschriebenen Quadrates geben vereinigt eine Linie, die dem Umfange des Halbkreises nahe kommt. Wie groß ist diese Annäherung?

308. Lehrsatz. Wenn man in einem Kreise ein rechtwinkliges Dreieck construirt, dessen Hypotenuse der Durchmesser, dessen eine Kathete der Halbmesser ist, diesen in 8 und die andere Kathete in 10 gleiche Theile theilt, den dritten Theilpunkt des Radius, von der Spitze des rechten Winkels aus gerechnet, mit der Spitze des Gegenwinkels im Dreiecke und den dritten Theilpunkt der anderen Kathete, von der Hypotenuse aus gerechnet, ebenfalls mit der Spitze des Gegenwinkels im Dreieck verbindet; so ist die erste Linie der Seite eines Quadrates, das gleiche Fläche mit dem Kreise hat, nahe gleich, die zweite Linie ist dem gestreckten Viertelkreise nahe gleich. (Die Annäherung ist zu bestimmen.)

309. Aufgabe. Wenn man in dem Bestimmungsdreieck des umschriebenen regulären Sechsecks die halbe Seite um den Durchmesser, den kleinen Radius um den Halbmesser des Kreises verlängert, und zu den so verlängerten Katheten eine neue Hypotenuse zieht; so ist diese dem gestreckten Halbkreise nahe gleich. Die Größe der Annäherung soll berechnet und eine hierauf gegründete einfache Näherungs-Construction des rectificirten Halbkreises angegeben werden.

310. Lehrsatz. Ein rechtwinkliges Dreieck, dessen eine Kathete doppelt so groß als die andere ist, hat ziemlich nahe gleichen Umfang mit einem Kreise dessen Durchmesser 5 Sechstel der größeren Kathete beträgt. Wie groß ist diese Annäherung?

311. Aufgabe. Einen Kreis zu zeichnen, der einem gegebenen Ringstücke gleich ist.

312. Aufgabe. Einen gegebenen Kreis durch kleinere Halbkreise, die ihre Mittelpunkte auf einem Durchmesser des gegebenen haben, in eine beliebige Anzahl gleicher Flächenstücke zu zerlegen.

313. Aufgabe. Einen Kreis durch concentrische Kreise in eine beliebige Anzahl gleicher Flächentheile zu zerlegen.

314. Lehrsatz. Wenn über den Bestandtheilen einer zweitheiligen geraden Linie nach einer Seite hin und über der ganzen Linie nach der andern Seite hin, Quadrate errichtet, und die drei Mittelpunkte derselben durch gerade Linien verbunden werden; so ist das entstandene Dreieck der achte Theil der Fläche jener drei Quadrate.

315. Lehrsatz. Wenn man von einem Kreisbogen den vierten Theil abschneidet und einen Radius nach dem Theilungspunkte zieht, so schneidet dieser von der Sehne und von der Tangente des Bogens gleiche Stücke ab.

316. Lehrsatz. Der Unterschied des umschriebenen und eingeschriebenen Polygons von gleicher Seitenzahl ist mehr als viermal so groß wie der Unterschied des um- und eingeschriebenen Polygons von doppelter Seitenzahl.

(Man suche den Beweis, indem man Fig. 111. zu Grunde legt, MG zieht, die AB in H schneidet, dann HE und in H ein Perpendikel auf AB, das EG in K und CG in L trifft. Der Rhombus EGBH besteht dann aus einem Trapez, das kleiner als Dreieck LHB, also auch kleiner als das congruente GEC ist, und aus einem Dreieck, das dem Dreieck DEH gleich ist. Es ist also $EGBH < CEG + EHD$, also $EGBH < \frac{1}{2} CDB$, daher $EGB < \frac{1}{4} CBD$ u. s. w. Dieser Satz giebt die Beziehung der ein- und umschriebenen Figuren genauer als §. 16. S. 104.)

317. Aufgabe. Drei Kreise zu beschreiben, deren Mittelpunkte in den Winkelspitzen eines gegebenen Dreiecks liegen und von denen jeder die beiden anderen von außen berührt.

318. Aufgabe. Wie groß sind die Flächenstücke, in welche ein gleichseitiges Dreieck, dessen Seite a ist, durch die nach der vorhergehenden Aufgabe gefundenen Kreise getheilt wird.

319. Aufgabe. Wie groß sind die Flächenstücke, welche auf dieselbe Weise in einem rechtwinkligen Dreieck entstehen, das die Hälfte eines gleichseitigen ist, und dessen Hypotenuse b ist.

320. Aufgabe. Um die Eckpunkte eines Quadrates vier Kreise zu beschreiben, so daß fünf Berührungspunkte entstehen, und die sechs Flächenstücke zu berechnen, in welche das Quadrat, dessen Seite c ist, durch diese Kreise zerlegt wird.

321. Aufgabe. In einem Quadrate befinden sich vier Kreise, deren jeder zwei der anderen und zwei Seiten des Quadrates berührt. Wie sind diese geordnet und wie lassen sich die Halbmesser der Kreise aus den Quadratseiten finden?

Taf. I.

Figuren zum dritten Abschnitt

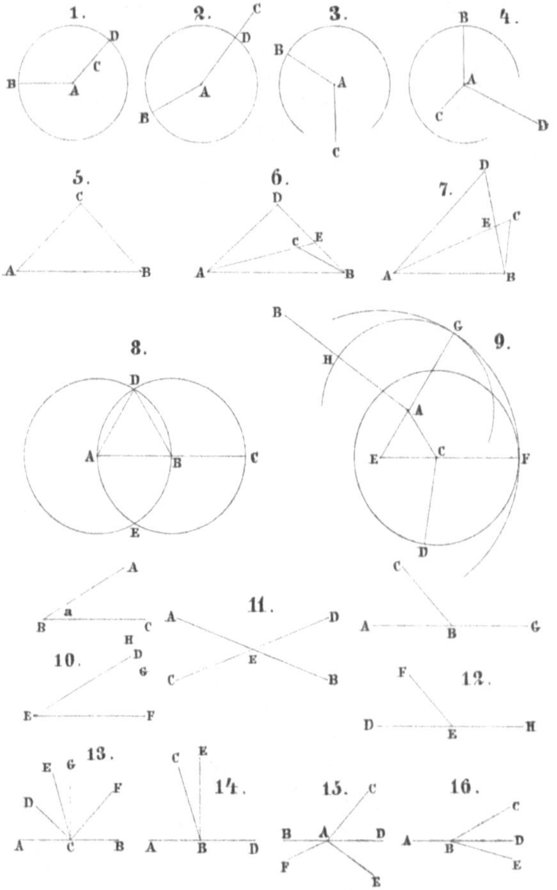

Links v. S. 15 Rechts v. S. 20

Taf. II.

Figuren zum vierten Abschnitt.

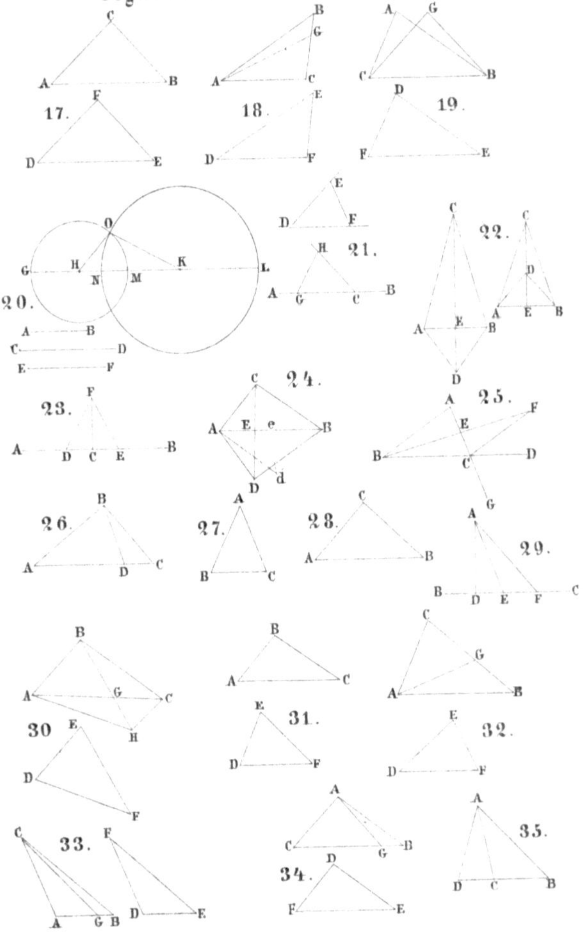

Figuren zum fünften Abschnitt.

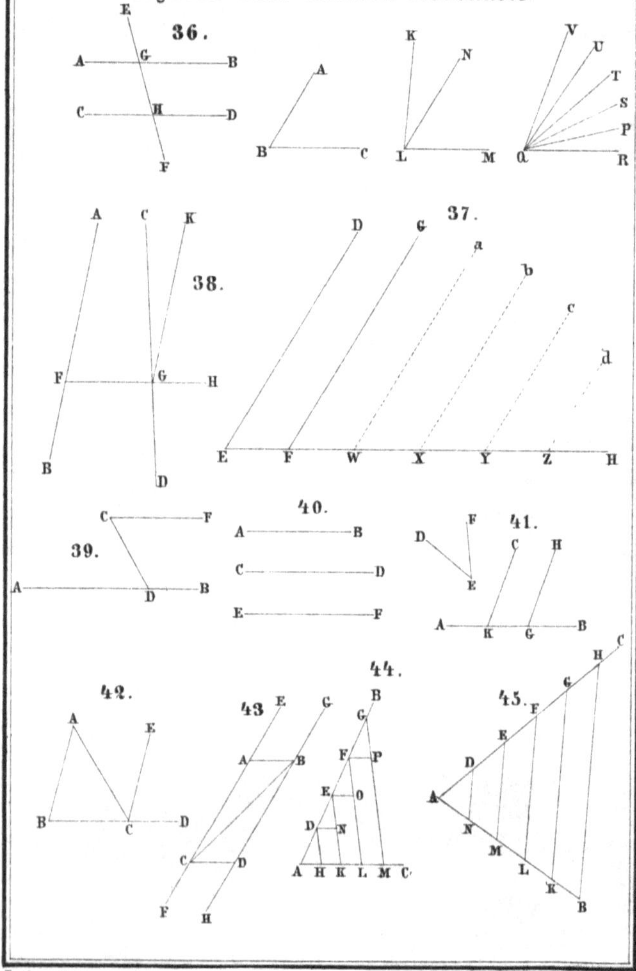

Links v. S. 35 Rechts v. S. 44

Taf. IV.

Figuren zum sechsten Abschnitt.

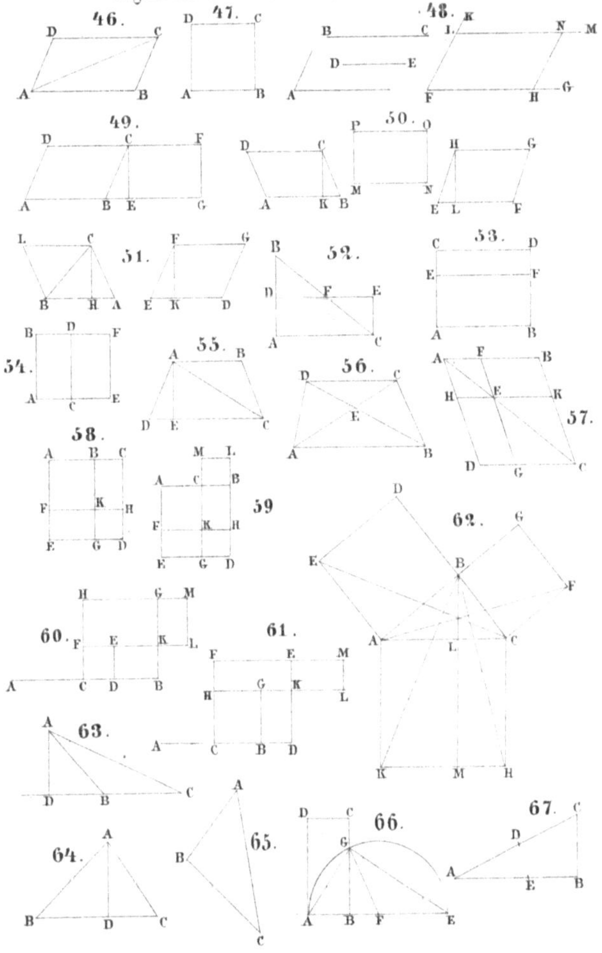

Links v. S. 45 Rechts v. S. 62

Taf.V.

Figuren zum siebenten Abschnitt.

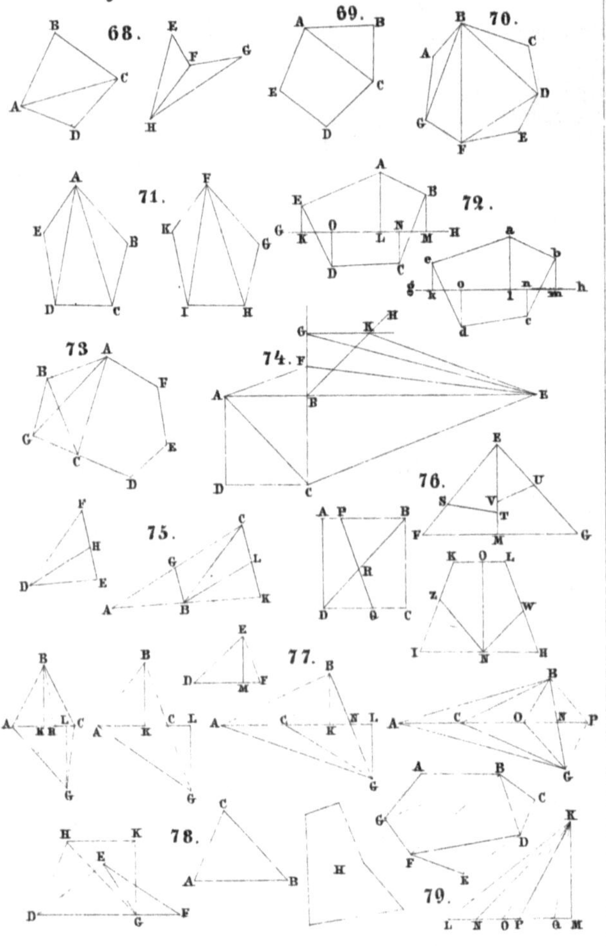

Taf VI

Figuren zum achten Abschnitt.

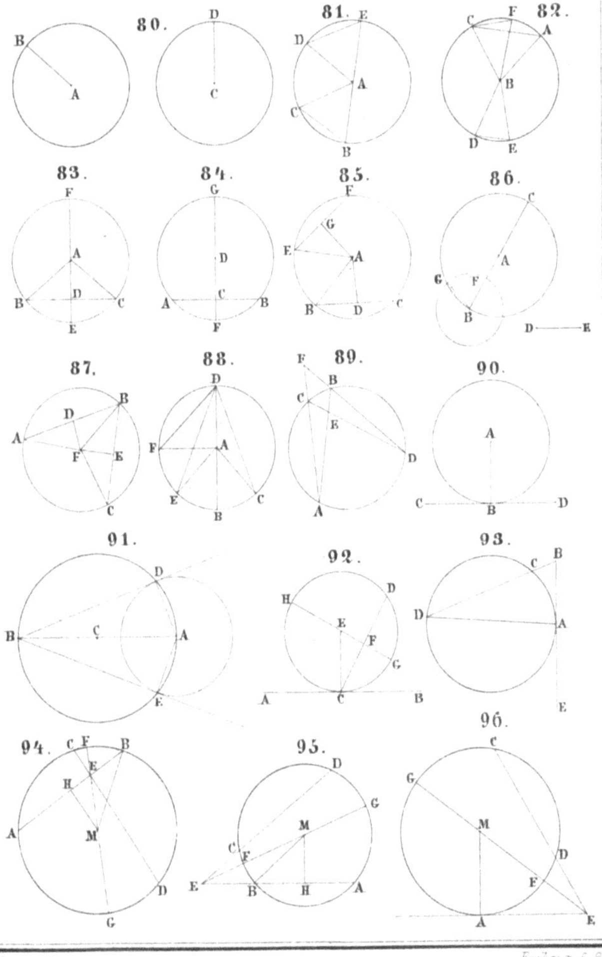

Taf. VII.

Figuren zum neunten Abschnitt.

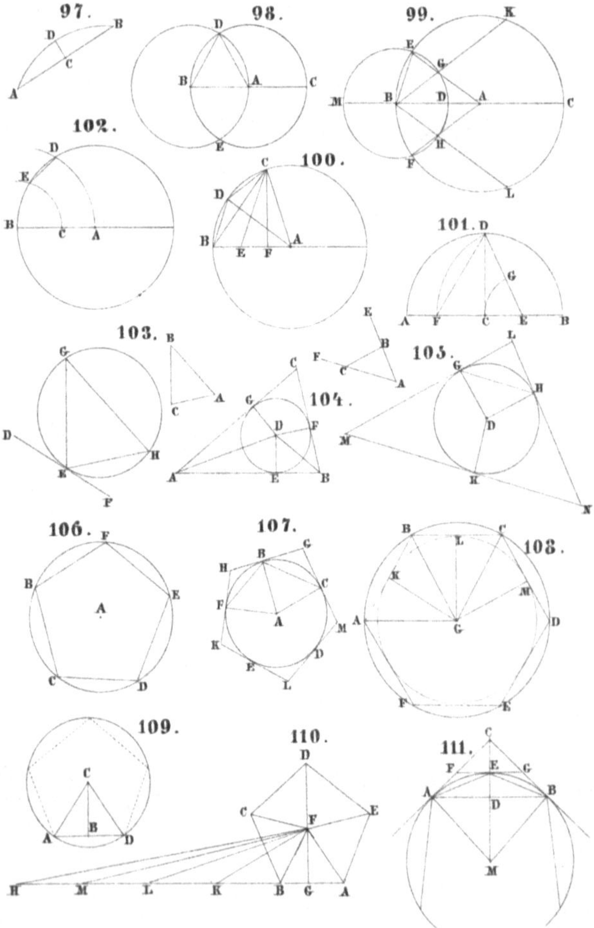

Links v. S. 91 Rechts v. S. 106

Taf. VIII.

Figuren zum zehnten Abschnitt.

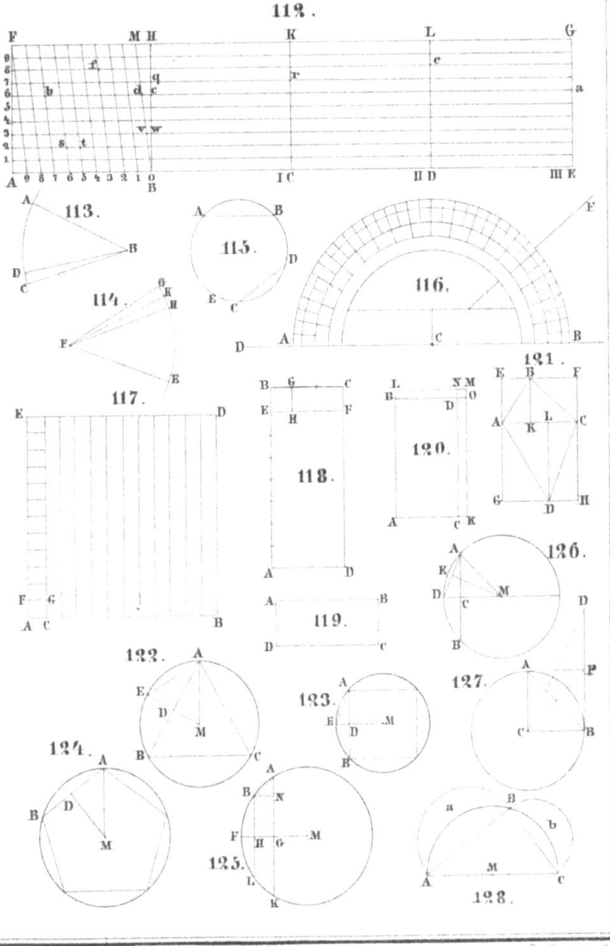

Taf. I.

Figuren zum dritten Abschnitt

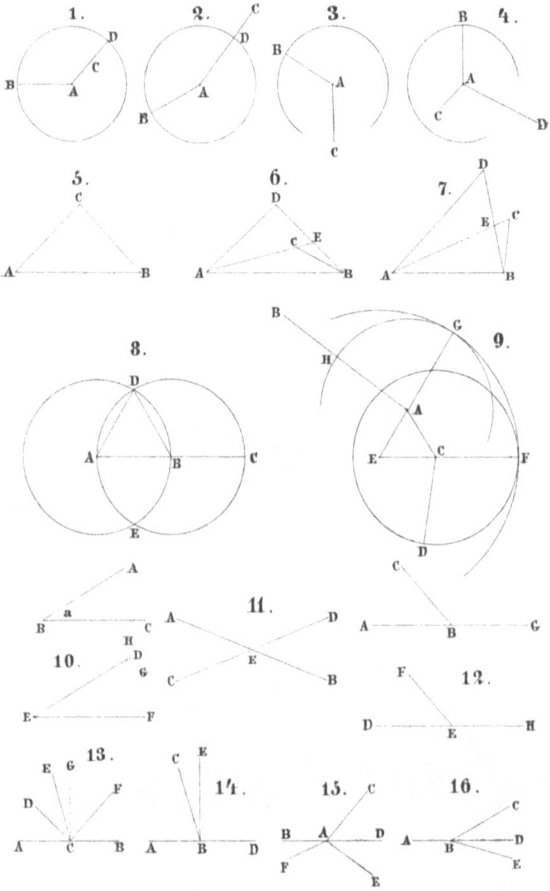

Taf. II.

Figuren zum vierten Abschnitt.

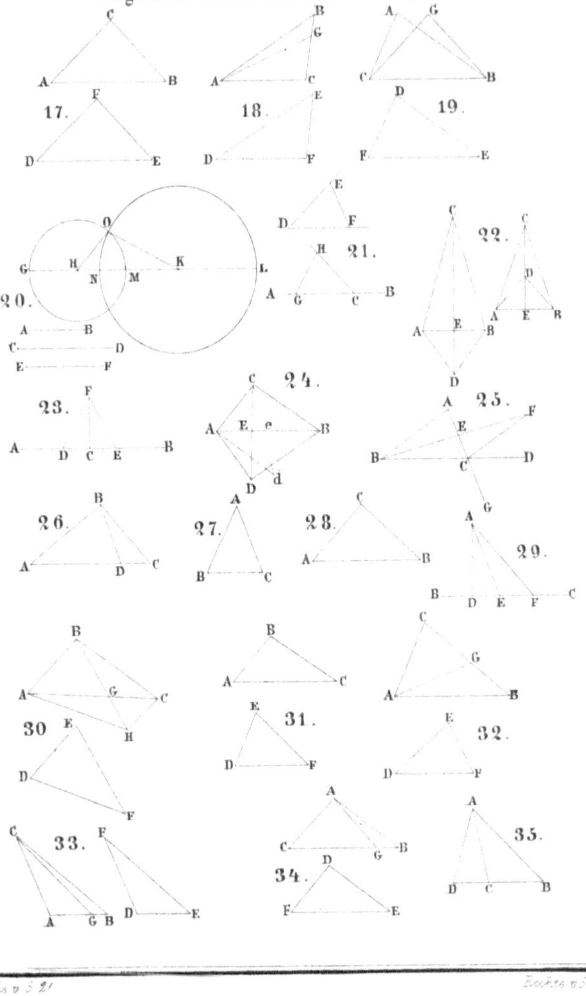

Links v S. 21 Rechts v S. 54

Taf. III.

Figuren zum fünften Abschnitt.

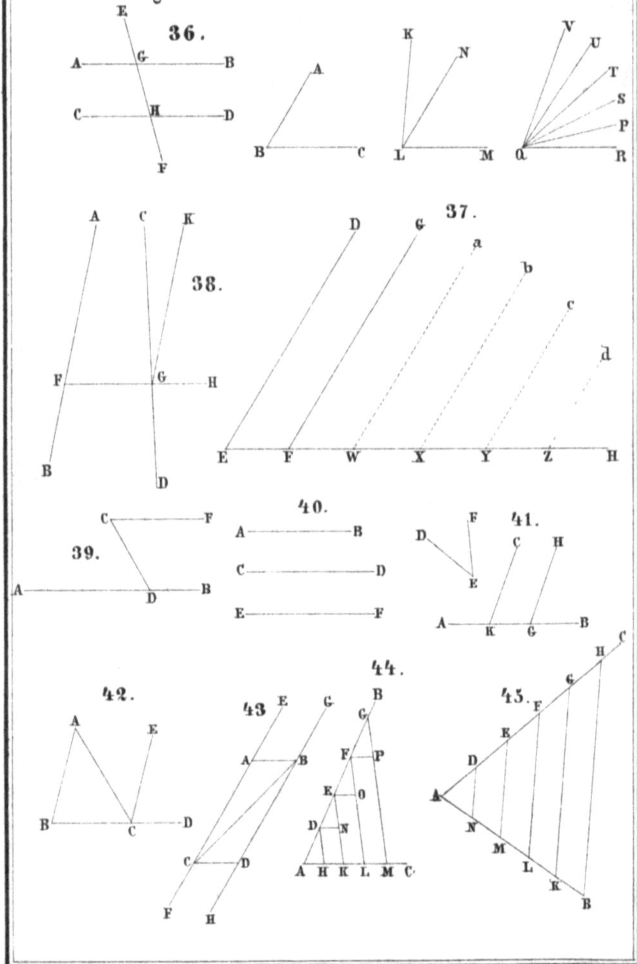

Links v. S. 35 Rechts v. S. 44

Taf. IV.

Figuren zum sechsten Abschnitt.

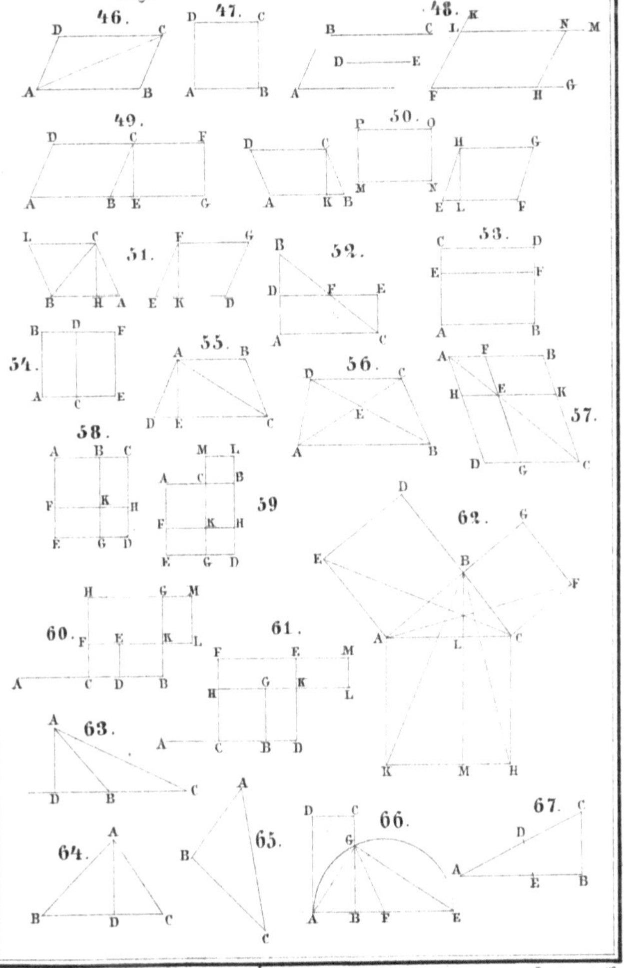

Links v. S. 45

Rechts v. S. 62

Taf. V.

Figuren zum siebenten Abschnitt.

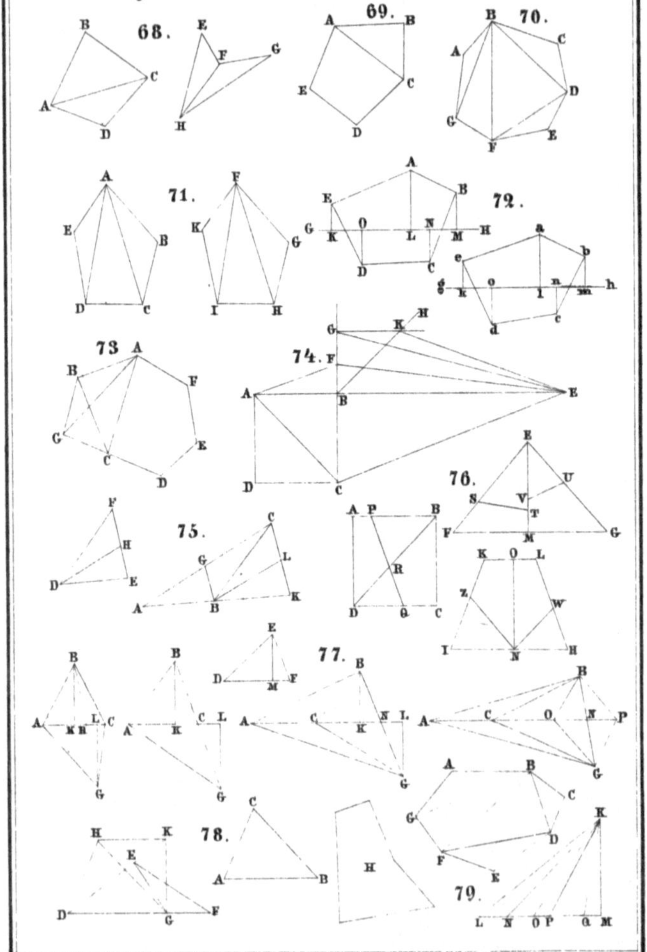

Figuren zum achten Abschnitt.

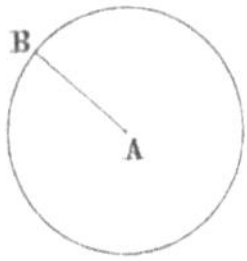

80.

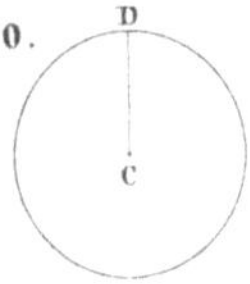

81.

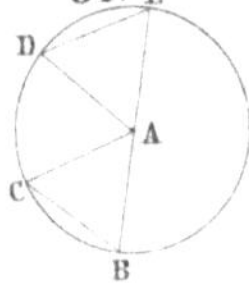

82.

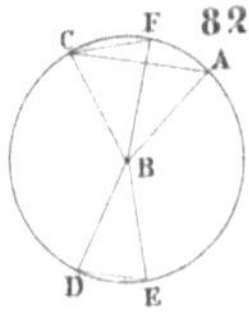

83.

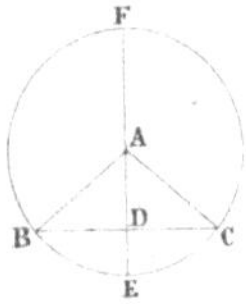

84.

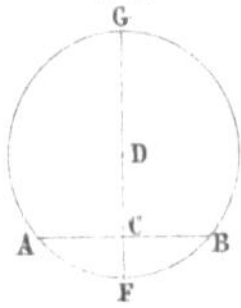

85.

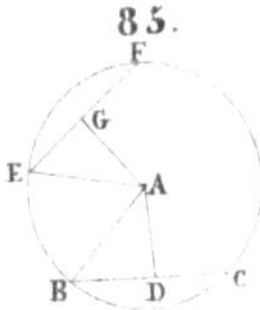

86.

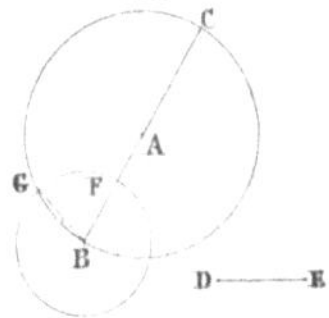

87.

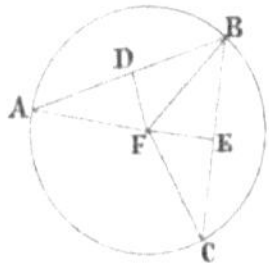

88.

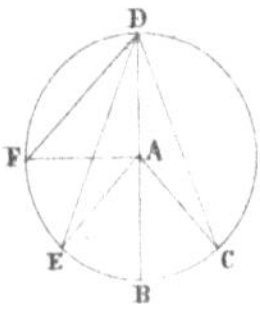

89.

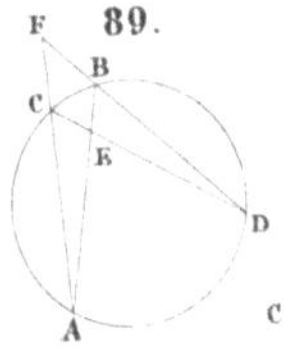

90.

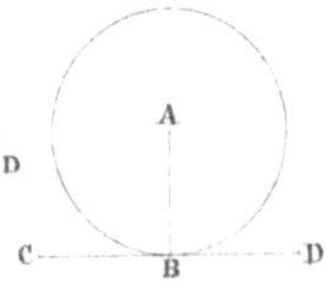

91.

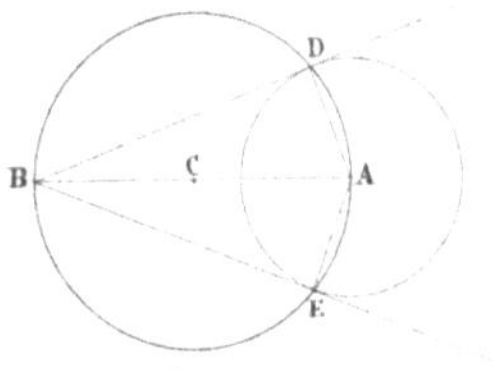

92.

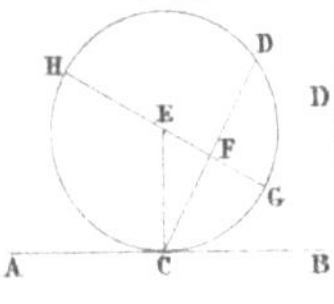

93.

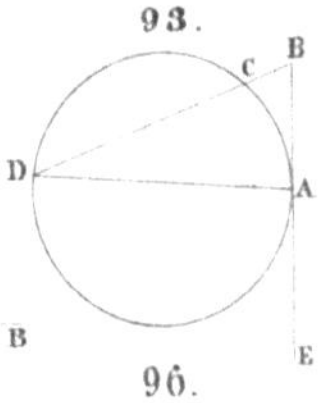

94.

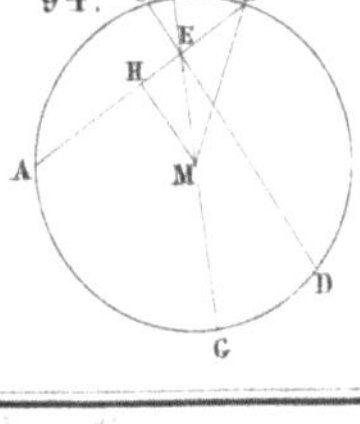

95.

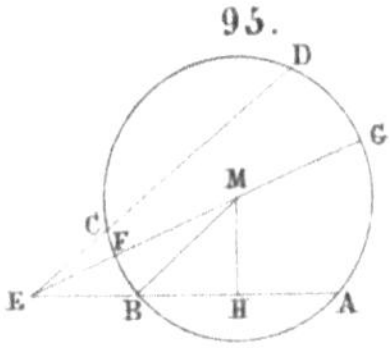

96.

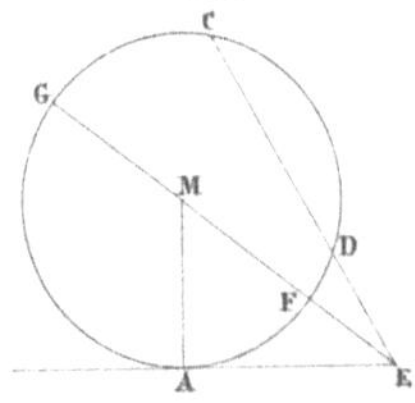

Taf. VII.

Figuren zum neunten Abschnitt.

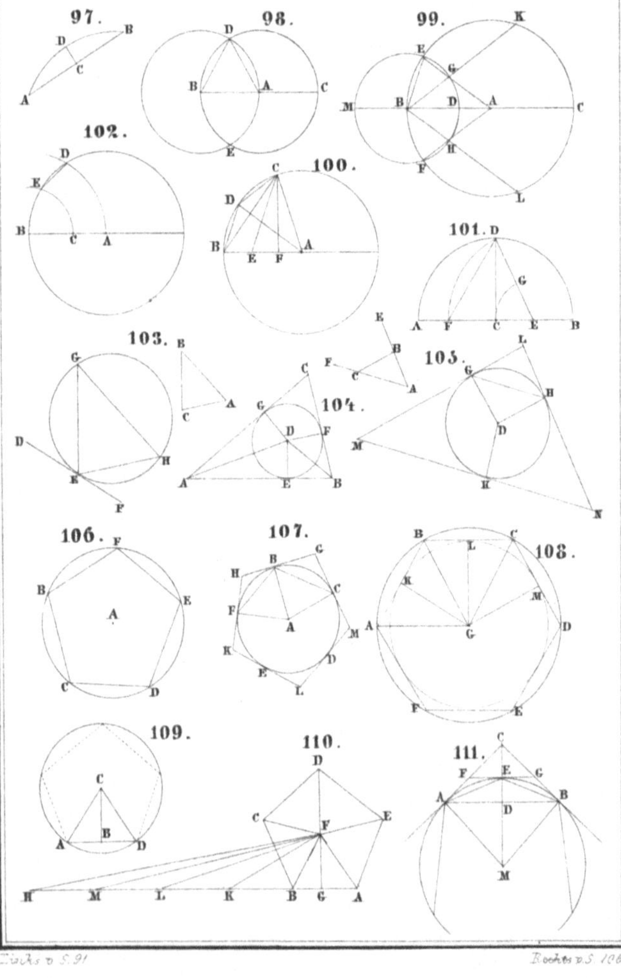

Links v. S. 91 Rechts v. S. 106

Taf. VIII.

Figuren zum zehnten Abschnitt.

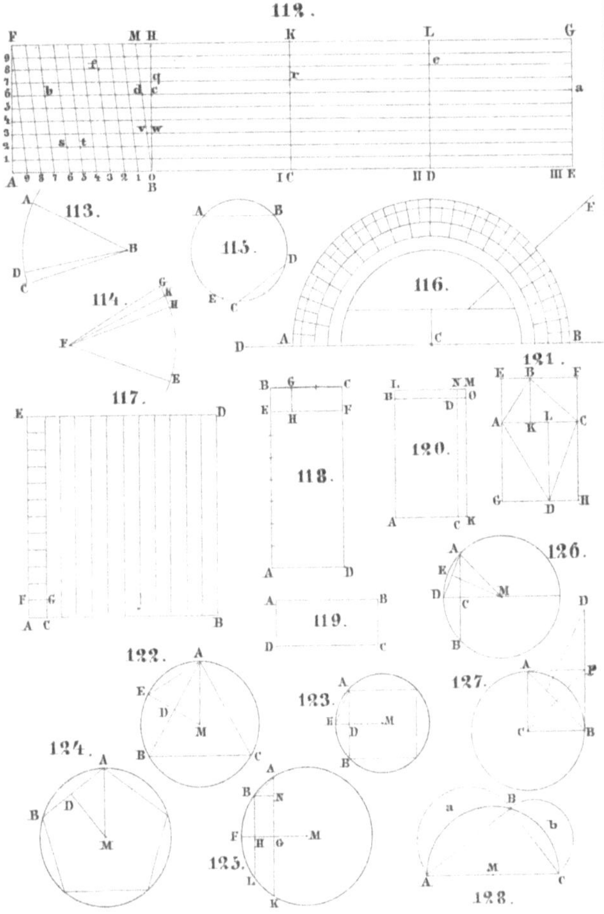

FSC
www.fsc.org
MIX
Papier | Fördert
gute Waldnutzung
FSC® C083411

Zeitfracht Medien GmbH
Ferdinand-Jühlke-Straße 7
99095 Erfurt, Deutschland
produktsicherheit@kolibri360.de